高等职业教育教材

通用航空机型概论

TONGYONG HANGKONG JIXING GAILUN

胥 郁　李仙勇　主编

曾娅妮　李向新　周 谧　副主编

化学工业出版社

·北京·

内容简介

《通用航空机型概论》是高等职业教育通用航空类新形态一体化教材。本书以学习者为中心进行教学设计、教材编写与资源开发，站在初学者角度设计系列问题，用通俗易懂的语言讲述复杂生涩的专业内容，集知识性、专业性与趣味性于一体。全书简明扼要地介绍了通用航空业，介绍了类型多样、结构复杂的通用航空机型，同时，将党的二十大报告中制造强国、交通强国的思想和新时代民航精神、创新精神、工匠精神和航空报国的伟大理想等思政元素巧妙地融入教材。全书包括六章，涵盖通用航空、通用航空器、通用航空器制造商、公务机、全球主要通用飞机、全球主要通用直升机等多个方面的内容。全书重要的知识点配有微课、视频、动画、图片、案例等丰富的数字化资源，视频类资源可通过扫描书中二维码在线观看，学习者也可以登录智慧职教搜索课程"通用航空机型概论"进行在线学习。

本书既可以作为高等职业技术院校通用航空相关专业的教学用书，也可作为成人教育、各类培训学校及通航企业职工培训的教学用书，还可供通用航空爱好者学习使用。

图书在版编目（CIP）数据

通用航空机型概论/胥郁，李仙勇主编．—北京：化学工业出版社，2022.11
ISBN 978-7-122-41983-5

Ⅰ.①通… Ⅱ.①胥…②李… Ⅲ.①民用飞机-概论-高等职业教育-教材 Ⅳ.①V271

中国版本图书馆CIP数据核字（2022）第144701号

责任编辑：王　可　旷英姿　　　　　　文字编辑：吴开亮
责任校对：王　静　　　　　　　　　　装帧设计：王晓宇

出版发行：化学工业出版社（北京市东城区青年湖南街13号　邮政编码100011）
印　　刷：三河市航远印刷有限公司
装　　订：三河市宇新装订厂
787mm×1092mm　1/16　印张11¾　字数317千字　2023年8月北京第1版第1次印刷

购书咨询：010-64518888　　　　　　　　售后服务：010-64518899
网　　址：http://www.cip.com.cn

凡购买本书，如有缺损质量问题，本社销售中心负责调换。

定　　价：36.00元　　　　　　　　　　　　　　　　　　　版权所有　违者必究

前言

通用航空是国民经济和社会发展的重要组成部分，有着非常大的发展潜力。随着《关于深化我国低空空域管理改革的意见》及《国家中长期科学和技术发展规划纲要（2006—2020年）》等文件出台，我国低空空域管理改革大幕拉开，通用航空产业发展迎来了历史性的重大机遇。

相对于通用航空事业发展热潮，很多新进入者和拟从事通用航空事业的人员对通用航空器知之甚微，而国内目前系统介绍通用航空器的书籍又甚少。着眼于满足当前市场的迫切需求，本书系统、全面、扼要地介绍了通用航空器市场、通用航空器制造商和通用航空器各类机型等相关知识。通读全书后，读者可以建立通用航空器的整体概念，为后续专业课程的学习奠定基础。本书在编写过程中，着重从如下几方面考虑。

1. 坚持立德树人，巧融思政元素

本书积极践行立德树人根本任务，充分挖掘思政教育元素，以推动通航事业的高质量发展为主线，将党的二十大报告中提出的制造强国、交通强国思想与新时代民航精神、创新精神、工匠精神和航空报国的伟大理想等思政元素巧妙地融入教材，以期实现"德技兼修"齐育人的目的。

2. 紧跟行业发展，体现前瞻创新

本书在编写过程中，紧跟行业发展趋势，介绍了通用航空新规定、新技术、新机型、新动态等知识。例如，第五章介绍了中国新一代特种航空产品代表作——鲲龙AG600试飞动态，第六章介绍了我国为航空应急救援研制的大型直升机AC313的相关知识，教材内容具有先进性与前瞻性。

3. 基于学生中心，内容组织新颖

本书编写充分体现以学习者为中心的思想，选择从初学者视角进行教学设计。全书采用"问题导入"的方式组织内容，包括通用航空、通用航空器、通用航空器制造商、公务机、全球主要通用飞机、全球主要通用直升机六章内容。每一章都由教学目标—学习导航—案例导入—知识讲授—拓展提高五部分组成。"教学目标"可以让学习者全面把握所学章节的知识、能力和思政目标；"学习导航"可以引导学习者快速了解所学章节的知识结构、重难点等信息；"案例导入"以初学者的视角，提出疑问，激发学习者的学习兴趣；"知识讲授"详细介绍相关知识，并通过"小提示"对重点、难点、新知识、新技术、新政策等相关内容进行补充。"拓展提高"则分享一些前沿技术与代表性案例,丰富学习者的视野。

4. 配套资源丰富,利于自主学习

教材配套有课件、微课、图片、动画、习题等教学资源,与教材完全匹配的"通用航空机型概论"在线开放课程方便教师开展"线上＋线下"的混合式教学,也有助于学习者的自主学习。

本书由长沙航空职业技术学院胥郁、浙江星空翔业通用航空服务有限公司李仙勇担任主编,长沙航空职业技术学院曾娅妮、李向新、周谥担任副主编,何裕龙、蔡程建、易晓英参与了资源录制,是校企深度合作的集体智慧的体现。另外,衷心感谢湖南省芙蓉教学名师、湖南省高职思想政治教学团队负责人、长沙航空职业技术学院雷世平给予的课程思政指导,湖南省通航发展有限公司运营管理部张恒、湖南华星通航公司航务部尹碧文给予的技术指导,长沙航空职业技术学院主管教学副院长朱国军、管理学院院长吴巧洋对教材给予的大力支持。感谢通用航空航务技术教研室的同事以及提供过帮助的学生。

最后,在本书编写过程中,我们还参考了许多专家的研究成果和有关文献资料,在此谨向各位专家、作者表示衷心的感谢,未能一一注明出处,在此向原作者表示歉意。

由于时间仓促,编者水平和经验有限,书中难免有不足之处,恳请读者和专家批评指正。

编者

2023年1月

目 录

通用航空机型概论

第一章　内涵与发展：通用航空　/001

第一节　通用航空的定义与分类　/003

一、通用航空的定义　/003

二、通用航空的活动及分类　/003

三、通用航空的特点　/005

第二节　世界通用航空的历史发展　/005

一、世界通用航空的发展历程　/006

二、中国通用航空的发展历程　/007

三、通用航空的发展趋势　/009

第三节　中国通用航空的发展概况　/010

一、中国通用航空的管理体制　/010

二、中国通用航空的相关法律法规　/011

三、中国通用航空的运营基本现状　/012

第二章　类型与市场：通用航空器　/017

第一节　通用航空器概述　/019

一、航空器概念和分类　/019

二、通用航空器的概念和分类　/020

第二节　通用航空器的现状与发展　/022

一、世界通用航空器的发展概况　/022

二、中国通用航空器的发展概况　/024

三、通用航空器的未来发展与展望　/026

第三节　通用航空器的选购、租赁和维修　/029

　　一、通用航空器的选购　/029

　　二、通用航空器的租赁　/032

　　三、中国飞机租赁市场开展业务的租赁公司　/033

　　四、通用航空器的维修服务　/037

第三章　品牌与创新：通用航空器制造商　/040

第一节　国外主要通用航空器制造商　/042

　　一、通用飞机主要制造商　/042

　　二、直升机主要制造商　/050

第二节　国内主要通用航空器制造商　/054

　　一、国有企业　/054

　　二、民营企业　/055

第四章　尊享与高效：全球主要公务机　/059

第一节　公务机概述　/061

　　一、公务机定义与分类　/061

　　二、公务机应用与发展　/062

第二节　公务机主要技术特点　/065

　　一、结构特点　/065

　　二、性能特点　/066

　　三、动力装置　/066

第三节　公务机典型机型介绍　/067

　　一、航线型公务机　/067

　　二、远程型公务机　/070

　　三、大型公务机　/073

　　四、超中型公务机　/076

　　五、中型公务机　/078

六、轻中型公务机　/080

　　七、轻型公务机　/083

　　八、超轻型公务机　/086

第五章　私享与多样：全球主要通用飞机　/092

　第一节　小型飞机　/094

　　一、小型飞机介绍　/094

　　二、小型飞机典型机型介绍　/095

　第二节　轻型运动类飞机　/108

　　一、轻型运动类飞机介绍　/108

　　二、轻型运动类飞机典型机型介绍　/110

　第三节　多用途飞机　/115

　　一、多用途飞机介绍　/115

　　二、多用途飞机典型机型介绍　/116

　第四节　农林飞机　/130

　　一、农林飞机介绍　/130

　　二、农林飞机典型机型介绍　/131

第六章　灵动与多面：全球主要通用直升机　/139

　第一节　直升机概述　/141

　　一、直升机介绍　/141

　　二、民用直升机分类　/142

　第二节　直升机主要技术特点　/144

　　一、旋翼与尾桨　/144

　　二、动力装置及附件　/147

　　三、传动系统　/148

　　四、操纵系统　/149

　　五、起落架　/149

　　六、机身　/149

七、机载设备　/149

　第三节　直升机典型机型介绍　/150

　　一、小型直升机　/150

　　二、轻型直升机　/155

　　三、中型直升机　/162

　　四、超中型直升机　/169

　　五、大型直升机　/172

　　六、重型直升机　/177

参考文献　/180

第一章

内涵与发展：通用航空

教学目标

 知识目标

了解通用航空的定义；
掌握通用航空的活动及分类；
了解通用航空的性质及特点；
了解世界通用航空的发展历程；
理解通用航空的发展趋势；
了解中国通用航空的管理体制。

 能力目标

能根据中国通用航空的相关法律法规，分析具体案例。

素质目标

熟知中国通用航空的发展历程，树立"航空报国"的伟大理想，培养艰苦奋斗的职业精神。

通用航空机型概论

 学习导航

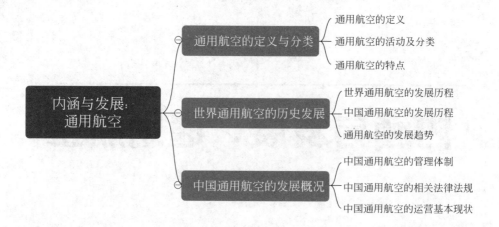

案例导入 ✈

使命担当：新疆通航顺利完成阿勒泰地区应急救援任务

2022年9月3日19：30，新疆通用航空有限责任公司（以下简称新通航）一架Mi-171（B-70JV）型直升机安全降落在阿勒泰机场，机上搭载的5名伤员迅速被转移到救护车上，标志着"G219吉克普林－喀纳斯公路建设项目勘察人员紧急救援任务"顺利完成。

9月2日21：12，新通航接到阿勒泰地区应急管理局电话求助，G219吉克普林－喀纳斯公路建设项目调查组进入无人区，在对禾木至白湖路段进行路线实地踏勘调查时，由于道路原因造成人员受伤，其中5人伤情较重，需调新通航驻防阿勒泰机场的直升机前往救援。

时间就是生命，新通航立即启动应急救援工作方案，积极与阿勒泰地区应急管理局对接情况，综合评估地形地貌、局部气象条件等，制定救援计划，最终决定于9月3日15：30分，待机组及地面保障人员赶到起降点后立即实施救援。

为保证救援任务顺利实施，民航新疆管理局相关部门积极协调办理飞行计划审批手续，新疆空管局加急给管制部门布置任务计划。

新通航机组人员对飞机进行了全面检查确保适航状态，认真规划航线，制定异常情况应急预案，确保飞行安全。经过3小时28分的飞行，新通航机组成功将受伤人员从无人区运送至阿勒泰机场，为后续进一步医疗救治赢得了宝贵时间。事后，自治区应急管理厅和G219吉克普林－喀纳斯公路建设项目组对新通航此次应急反应能力给予了充分肯定和高度赞扬。

多年来，新疆通航应急救援能力在实践中逐步提升，多次与时间赛跑，参与执行海上救援，在南北疆成功执行医疗转运、转送病人，用专业和坚守构筑起空中生命通道。

【问题思考】

案例中新疆通航执行的是哪项通用航空活动？除此之外，通用航空还在哪些领域发挥其功能作用？

当今世界强国，无一不是航空工业强国。建设航空强国是航空工业履行国家战略性产业使命、更加有效地支撑国家战略安全的必然要求。而通用航空事业是航空事业的基础，发展通用航空、培育国民航空意识、打造航空事业的群众性基础是建设航空强国和实现中华民族伟大复兴的需要。因此，如何理解通用航空的概念和作用，成为发展中国通用航空的首要问题。基于此，本章首先阐述通用航空定义、分类及特点，梳理世界通用航空特别是中国通用航空发展历程，揭示了中国通用航空现行管理体制、相关法律法规及通用航空运营现状。

第一节 通用航空的定义与分类

一提起民用航空，人们往往容易想到公共航空运输，而对通用航空了解不多或知之甚少。其实通用航空是民用航空的重要组成部分，一国民航业的健康协调发展离不开通用航空的发展。由于通用航空具有飞行作业项目多样化、航空器品种繁杂、空域使用随意性大、使用机型多、飞行时间不确定等基本特征，决定了其在很多方面与公共航空、运输航空有较大的区别。

一、通用航空的定义

我们一般认为，通用航空是指干线和支线定期航班客货运输以及出租飞机公司经营的空运业务以外的所有民用航空活动。

目前，各国对通用航空的定义不一，世界上还没有一个严格统一的定义。

国际民航组织（ICAO）在1985年版《国际民用航空组织用语及定义》第二卷中对通用航空的定义为：定期航班和用于取酬的或租用合同下进行的不定期航空运输以外的任何民用航空活动。

M1-1 初识通用航空

根据美国联邦航空管理局（FAA）对飞机的分类可知，通用飞机是指除用于定期航线的运输机和大型喷气式飞机以外的所有民用飞机，它可运送与其他航线要求相当的旅客或货物，而不要求必须为全客机型或全货机型飞机。在美国，通用飞机是指不按FAR121部（定期航班民用客机）或FAR135部（通勤和商业租用）运营的所有注册民用飞机。

俄罗斯联邦《航空法典》第三章21款第三条规定，通用航空是指非商业航空运输和航空活动的民用航空活动。

2003年1月10日我国颁布并于2003年5月1日起施行的《通用航空飞行管制条例》第三条对通用航空的定义如下："本条例所称通用航空，是指除军事、警务、海关缉私飞行和公共航空运输飞行以外的航空活动，包括从事工业、农业、林业、渔业、矿业、建筑业的作业飞行和医疗卫生、抢险救灾、气象探测、海洋监测、科学实验、遥感测绘、教育训练、文化体育、旅行观光等方面的飞行活动。"

由上述对通用航空不同的解释可以发现，各国对通用航空的定义存在一定的差异。但各方普遍认可的通用航空范围指除定期航班以外的民用航空活动。

二、通用航空的活动及分类

通用航空活动的应用范围十分广泛，按照经营项目、业务、服务对象和飞行目的的不同有不同的分类。

（一）按照经营项目分类

对于经营性通用航空活动，按照最新的《通用航空经营许可管理规定》（中华人民共和国交通运输部令2020年第18号）的规定，共分三大类。

① 载客类。通用航空企业使用符合民航局规定的民用航空器，从事旅客运输的经营性飞行服务活动。主要类型包括通用航空短途运输和通用航空包机飞行。

② 载人类。通用航空企业使用符合民航局规定的民用航空器，搭载除机组成员以及飞行活动必需人员以外的其他乘员，从事载客类以外的经营性飞行服务活动。

③ 其他类。通用航空企业使用符合民航局规定的民用航空器，从事载客类、载人类以外的经营性飞行服务活动。

（二）按照业务分类

按照航空活动业务性质，通用航空可分为社会公益类、经济建设类、航空消费类。

① 社会公益类。包括人工降雨、环境监测、医疗救护、城市消防、公益勘探、航空摄影、航空科研、政府飞行等。

② 经济建设类。包括海上石油服务、农业航空、林业航空、管线巡逻、直升机外载荷（吊挂、吊装）等。

③ 航空消费类。包括公务飞行、飞行执照培训、空中广告、空中游览、通用航空包机服务等。

（三）按服务对象和飞行目的分类

按照服务对象和飞行目的，通用航空可分为作业航空、消费娱乐航空、公务航空和其他航空四大类。

1. 作业航空

作业航空是指使用航空器为工业、农业以及其他行业提供专业性操作的航空服务活动。具体可分为如下几类。

① 工业航空。使用航空器为工业生产提供的各种专业航空服务活动，包括航空摄影、航空遥感、航空测绘、航空物探、航空吊装、海上采油、航空环境监测等。

② 农业航空。为农、林、牧、渔业生产提供的各种专业航空服务活动，包括航空护林、飞播造林、农林业病虫害航空监测与防治、航空鱼情观测等。

③ 管网巡查航空。利用航空器对电网、油气管网、高速公路网等进行巡查的航空活动。

④ 航空科研和探险。对航空器或利用航空器对新技术/产品进行验证或从事的相关观测和探险活动，包括新飞机的试飞、新技术的验证、气象天文观测及高山峡谷沟壑探险等。

⑤ 其他作业航空。使用航空器服务于其他领域和行业的航空活动，包括航空医疗、空中广告、航空搜寻与救援等。

2. 消费娱乐航空

消费娱乐航空是指利用航空器从事休闲娱乐、文化体育、空中游览等的航空活动。

文化体育与休闲娱乐航空：利用各种航空器从事飞行表演、飞行体验以及作为交通或娱乐工具的航空活动，包括航空竞技、休闲飞行，如特技飞行、航空模型运动、机场周边环形飞行、动力飞行、热气球飞行、滑翔伞/机飞行、空中冲浪等。

空中游览：利用航空器从空中游览自然风光或人文景观的商业性航空活动。《关于经营空中游览业务的暂行规定》将空中游览定义为"游客搭乘航空器（飞机、直升机、飞艇、气球）在特定地域上空进行观赏、游乐的飞行活动"。

3. 公务航空

公务航空是指企事业单位及政府利用自备或租赁的航空器为自身业务服务的航空活动。与公共航空运输不同，公务航空常常是根据业务需要而定，是非定期的航空活动。

4. 其他航空

其他航空包括机场校验飞行、飞行培训等。

机场校验飞行：为保证飞行安全，使用装有专门校验设备的飞行校验飞机，按照飞行校验的有关规范，从事检查各种导航、雷达、通信等设备的空间信号的质量及容限以及机场的进、离港飞行程序的飞行活动。

飞行培训：为培养各类飞行人员（军事航空飞行人员除外）的学校和俱乐部所进行的飞行活动。

三、通用航空的特点

通用航空是民航运输的重要组成部分，因而通用航空首先具备民航运输的特点，即高速性、机动性、安全性、公共性、舒适性、国际性等。另外，通用航空的最大优势就是其通用性，它适用于工农业生产、交通运输、人民的文化生活等各个领域和各个方面。对工农业生产来说，它直接参与工农业生产活动，是工农业生产活动的重要组成部分；对交通运输来说，它以高效便捷的方式，填补了陆路、水路及运输航空等交通方式的空白；对人民的文化生活来说，它渗透于人民生活的各个领域，是其他任何交通运输方式无法替代的。通用航空除具有民航运输的特点之外，和公共航空相比，一般还具有以下四个方面的特点。

1. 环境

通用航空在野外进行作业，点多、线长、面广，流动性大，高度分散。易受气候和地理条件的制约和影响，表现出很强的季节性和突击性。作业人员的工作条件和生活条件相当艰苦。另外，多数通用航空飞行活动在民航航线和航路以外的低空空域进行，必须服从空军航空管理的要求。

2. 工作

通用航空专业技术性强，不同的作业项目有不同的技术要求和质量标准。没有熟练的飞行技术、丰富的专业知识和对各种特殊情况的处置能力，飞机的飞行安全和作业的质量是很难保证的。

3. 工具

通用航空一般使用小型飞机或活动翼飞机，大多进行低空或超低空飞行，加上在各种专业飞行过程中使用的仪器设备各不相同，需要通用航空人员对其实施的作业和使用的工具进行深入的了解和掌握。

4. 经济

通用航空的发展既受到经济发展的制约，也受到国家政策、措施的影响。通用航空不同于公共运输，它不仅是生产的前提、价值实现的手段和桥梁，而且直接参与了各项生产活动。对通用航空的需求，取决于工农业的生产和社会发展的需求程度。

第二节 世界通用航空的历史发展

飞行是人类社会蓬勃发展的一个起点，是生产力发展的必然结果，也是物质文明与精神文明协同发展的必然结果。在欧美发达国家，自从飞机发明以来，通用航空蓬勃发展，自由飞行得以实现。新中国成立以来，我国的通用航空发展主要集中在农林作业、地质勘探、应急救援等生产和公共领域，规模不大。进入21世纪，随着中国经济和社会的发展，特别是"5·12"汶川大地震后，通用航空得到社会各界和各级政府高度关注和重视，通用航空进入飞速发展阶段。

一、世界通用航空的发展历程

1. 通用航空的起步与发展

通用航空是民用航空的重要组成部分之一,它是伴随着民用航空的产生与发展而诞生和成长起来的。1903年12月17日,美国人莱特兄弟首次成功试飞了完全受控、附机载外动力、机身比空气重、持续滞空不落地的飞机,也就是"世界上第一架飞机",如图1-1所示,从此开创了现代航空的新纪元,同时也揭开了世界通用航空发展的序幕。

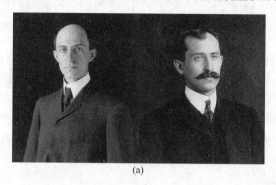
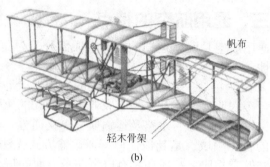

(a) (b)

图1-1 莱特兄弟与他们的飞机

20世纪上半叶,世界发生了重大的变化,特别是两次世界大战的爆发,对世界航空技术的发展产生了积极、深远的影响。第一次世界大战期间,由于飞机在战争中的应用,一些国家政府开始注意到飞机的军事意义,相继成立了航空科学技术研究机构,航空工业体系初见端倪。从20世纪20年代开始,飞机的性能和构造发生了巨大的变化:由双机翼飞机发展到张臂式单机翼飞机;由木质结构飞机发展到全金属结构飞机;由敞开式座舱飞机发展到密闭式座舱飞机;由固定式起落架飞机发展到收放式起落架飞机;飞机发动机的功率也提高了5倍,飞行速度提高了2～4倍。航空工业逐渐成为独立的产业部门。

2. 经历两次世界大战洗礼的通用航空

最早的运输飞机是美国道格拉斯飞机制造公司生产的DC产品系列。经过第一次世界大战的洗礼,DC-2飞机在技术上已经比较成熟,DC-2是DC-1的后继型号,也称"改进型"DC-1。DC-2有两项大的改动:第一项是将机身加长0.61m,全长达到18.89m;第二项是增加了客舱座椅,可以搭载14名乘客。除此之外,还采用了承力蒙皮结构、襟翼,尾舵和机轮也经过了改进,如图1-2所示。

图1-2 DC-2

第二次世界大战的爆发又一次推动了航空工业的发展。在战争期间,各国参战飞机的数量剧增,飞机的性能迅速提高,使军事航空对战争的影响越来越大,并起着举足轻重的作用。战争结束后,世界航空科学技术得到进一步提升,特别是飞机气动外形的改进,涡轮喷气发动机及机载雷达的使用，进一步提高了飞机的各项性能，使飞机很快突破了声障和热障的限制，飞机的飞行速度达到音速的2～3倍，进入超音速飞行时代。

随着科学技术的进步和航空器的发展，改变了交通运输结构，为人们提供了一种快捷、方便、安全的运输方式。特别是垂直起落飞机及直升机的产生和发展，推动了民用航空运输事业的发展，也推动了通用航空事业的开展。

1911年2月8日，英国飞行员亨利·佩开驾驶一架法国制造的"索默"式飞机，携带6500封信函，从阿拉哈巴德起飞，飞往8000m外的奈尼，从而完成了人类历史上最早的空中邮政飞行，也是最早的通用航空飞行。

1914年，美国在佛罗里达州建立了世界上第一条定期飞行的客运航线，但由于当时航空技术不发达，飞机的速度、载客量和航程都十分有限，很难与地面交通工具相竞争。

1919年1月，德国建立了第一条国内的商业航线——从汉堡到阿莫瑞卡。1919年2月5日，又开通了从柏林到魏玛的航线，航程192km，飞行2h。

1919年，法国设立了主持航空运输的专门机构——法国航空局，负责法国航空技术的研究、飞机的生产、空中的导航等方面的工作，1919年进行了2400次商业飞行，建立了8条航线。

1921年，英国向经营伦敦至巴黎航线的英国汉德利佩季公司提供了25000英镑的资助。1924年，英国一些航空公司合并，成立了帝国航空公司，成为第一家得到政府支持、在英国占据垄断地位的航空公司。

除此之外，欧洲其他国家也纷纷发展自己的航空事业，特别是意大利，它的航空事业发展较快，在20世纪30年代，其客运量仅次于德国和法国，位于欧洲的第三位。

世界各国在发展航空运输的同时，十分重视通用航空事业。最早的通用航空始于为农业服务。例如，通用航空为澳大利亚广大农牧业地区提供帮助，为阿拉斯加、太平洋上的岛屿提供医药、邮递、救援等服务。与此同时，飞行训练学校和特技飞行队相继出现。

3. 第二次世界大战后的通用航空发展

第二次世界大战结束后，由于航空技术的高速发展和大量军用飞机转为民用，通用航空获得了快速发展，通用航空应用的领域也更加广泛。除在农业方面从事更多的工作之外，还发展了空中游览服务等业务。1950年，直升机进入通用航空市场，大幅拓宽了通用航空服务的范围，开始有了海上石油平台的服务、山区或无机场地区的救援、联络、空中吊挂等服务。由于跨国公司的出现，公务航空也得到了巨大的发展。这一发展一直延续到20世纪70年代步入顶峰。进入20世纪80年代，由于全球性的经济衰退，通用航空飞机数量的相对饱和，技术创新减少，通用航空开始下滑并很快陷入低谷。20世纪90年代以来，随着世界经济的持续增长，各国政府出台鼓励政策，航空产品推陈出新，通用航空又呈现复苏和重新崛起的态势，且有强劲后势。

M1-2 20世纪美国通用航空的发展

从全球范围来看，发达国家通用航空发展已经非常成熟。2016年全球通用航空飞机存量超过36.5万架，过去十年间通用航空飞机的年均销货量为2803.4架，年均产出值214.69亿美元。全球通用航空飞机市场主要集中在美国、加拿大、法国、德国等国家，其通用航空飞机存量合计约31.4万架，占全球比例高达86%。此外，加拿大、巴西和澳大利亚等国家的通用航空发展也较为领先。

二、中国通用航空的发展历程

1. 初创期（1951—1960）

1951年中国民用航空局商务处开始承办专业航空业务（通用航空业务）。

M1-3 中国通用航空的崛起

1952年中国民用航空局在天津组建中国第一支农林航空队,配备从捷克斯洛伐克进口的爱罗-45型双发活塞式轻型飞机(图1-3)10架,数十位职工,承担航空护林和治蝗任务。此后,陆续在全国重点地区成立专业航空飞行队。1959年,全国有78架运-5飞机(图1-4)和安-2飞机(图1-5)从事专业航空任务。中国通用航空业的最初快速发展期延续了9年,1960年,通用航空飞行总量由1952年的959h快速增长到34668h,增长了35倍,年复合增长率达到56.6%。

图1-3　爱罗-45型

注:爱罗-45轻型飞机是捷克斯洛伐克在20世纪40年代末研制的双发全金属结构小型客机。机身结构为半硬壳式,座舱顶部由透明胶板压制而成,座舱内有通风、照明及加温设备,可容纳驾驶员1人及乘客3～4人。该机在当时具有速度快、耗油量小、飞行安全、操纵灵活等优点。

图1-4　运-5

注:运-5(代号:Y-5。英文:Nanchang Y-5或Shijiazhuang Y-5)运输机是中国南昌飞机制造厂(320厂)生产的轻型多用途单发双翼运输机,按照苏联安东诺夫设计局设计的安-2飞机的图纸资料,于1957年12月23日在中国制造成功,曾名"丰收二号"。至2011年仍在石家庄飞机制造厂少量生产。

图1-5　安-2

注:安-2是苏联安东诺夫设计局于1946年设计的轻型多用途单发双翼运输机,飞行平稳,结构可靠,于1947年投入生产,主要生产线于1991年停产,总产量超过18000架。其近45年的投产期曾经创下吉尼斯世界纪录。1954年中国开始引进安-2飞机,分别交付空军和民航使用,首批交付民航4架,安-2飞机是中国民航最初使用的客机之一,后由于该机运载量有限,逐步转入通用航空领域服务。

2. 停滞期（1961—1977）

经历了中华人民共和国成立初期的快速增长之后，中国通用航空进入了一个下滑及停滞时期。从1961年到1977年的17年里，通用航空每年飞行小时数都没有超过1960年，1977年通用航空飞行总量为24451h，较1960年下降29.5%。

3. 恢复期（1978—1999）

改革开放以后，中国通用航空事业逐步恢复，1978年中国民用航空总局成立专业航空组，1980年民航总局成立专业航空局，下设农业、工业和石油航空等3个处。由民航北京、广州管理局在湛江和天津组建了直升机中队。

1978—1999年，中国通用航空作业量虽然比1961—1977年有了显著的提升，但发展速度仍然非常缓慢，1999年通用航空飞行小时为40068h，仅比1978年的28995h增长38.2%，年复合增长率仅为1.5%，而同期中国民用航空业高速发展，民航运输总周转量从1978年的7450万吨·公里增长到1999年的394489万吨·公里，增长了近53倍，年复合增长率为19.8%。

4. 发展期（2000年至今）

2000年，中信海洋直升机股份有限公司在深圳证券交易所发行上市，成为中国通用航空业第一家上市公司。2001年中国加入世界贸易组织，《外商投资民用航空业规定》（CCAR-201）首次规定了外商以合作经营方式投资公共航空运输，以及从事公务飞行、空中游览的通用航空企业必须取得中国法人资格。此后，《非经营性通用航空登记管理规定》及《通用航空经营许可管理规定》相继颁布并实施。

2000年以来，通用航空的发展受到政府和社会各界的极大关注，鼓励行业发展的政策密集出台，逐步形成了良好的政策氛围。在这种背景下，通用航空得以稳定较快发展。从飞行量看，2015年通用航空飞行总量为73.5万小时，是2000年的15.06倍。从飞机总量看，2015年通用航空飞机总数量为2235架，是2000年的7.45倍。

三、通用航空的发展趋势

通用航空的发展，只有起点没有终点。即使欧美发达国家，仍在不断探索通用航空应用的新领域、新模式。现阶段中国通用航空的发展，困难与机遇并存，乘势而上为我们指引目标，攻坚克难则成为我们前进的路径。

1. 产业演进路径跃迁

纵观主要发达国家通用航空的发展历史，通用航空器自发明至今，其应用大多历经三个阶段。第一阶段是服务于各类生产及军事应用，表现为各类农林喷洒、巡护灭火、物探遥感、航拍航测等；第二阶段随着经济社会的发展和航空器性能的不断提升，通用航空开始广泛应用于各类社会服务，包括交通解决方案、医疗转运、城市治理等，老百姓开始普遍感受和使用通用航空；第三阶段则是通用航空的高度发达阶段，通用航空开始深入居民生活的方方面面，突出表现为私人飞行、娱乐飞行，这一阶段的通用航空与区域经济社会发展深度融合，以通用航空引领的城市新形态开始出现。

需要说明的是，首先，三个阶段的划分是对主导业务而言，并非严格排除，如以社会服务为特点的第二阶段并不排除各类生产作业；其次，并非各国都能够到达第三阶段，目前仅有美国通用航空进入高度发达阶段，德国、日本、巴西等国家的通用航空仍停留在第二阶段。

当前，无论政府、企业还是民众，都对通用航空的社会公共服务和消费类应用具有较高的期望和需求，这已成为现实。受基础设施、空域管理、航空器登记管理等因素限制，"十三五"期间大规模发展消费航空特别是私人飞行的条件尚不成熟。通过社会公共服务飞行带动机场、空域等资源完善后，到"十四五"或"十五五"有望迎来中国的私人飞行时代。我们也应看到，由于科技进步、代际更迭与综合交通运输体系建设，与飞行相伴而生的加速度带来的肾上腺素体验正在受到越来越多的替代，年轻一代的兴趣爱好也正在多元化，智能交通逐渐成为主流，未来中国通用航空也存在长期停留在第二阶段的可能。

2. 产业经济贡献提升

通用航空具有显著的产业综合带动效益。根据GAMA（美国通用航空制造商协会）委托普华永道会计师事务所进行的专题研究，2013年美国通用航空综合产出高达2186亿美元，约占全美GDP的0.65%，产出带动比高达1∶10，同期中国通用航空产出带动比约为1∶8，但由于行业规模偏小，综合产出仅为155亿元。

因此，如何深化通用航空与区域经济的融合发展，发挥通用航空的经济带动作用，是当前的另一重点任务。从路径上看，通用航空与区域经济互动包括交通解决方案、传统产业效率提升、产业融合、制造驱动的广域集聚和城市新形态几个阶段。

3. 产业协同配套突显

单一部门鼓励促进通用航空发展会感到力不从心，但任何一个部门哪怕再小的限制也会让通用航空"飞"不起来，这是通航人共同的感受。换言之，通用航空的发展，离不开协同配合，既包括飞行与保障的同步发展，也包括运营与制造的协调发展，还包括军民航、政企的协同。"十二五"前期，要不要先建通用机场还处在"先有鸡还是先有蛋"的争论中，很快被更引人注意的造飞机、建小镇淹没。直到2015年，人们才开始痛定思痛，逐渐统一了基础设施先行的认识，坚定了通用机场建设的决心。

第三节 中国通用航空的发展概况

通用航空是民用航空的重要组成部分，它直接为工农业生产、能源开发和科研服务，保证了国家重点建设的需要，对促进国家各行业的发展、提高人民生活水平起着不可替代的作用。为大力发展我国的通用航空事业，国家不仅需要出台支持通用航空发展的政策，也有必要对相关的法律制度进行修改和完善，建立一整套管理通用航空的法律法规和标准体系，为通用航空发展创造良好的法律保障环境。

一、中国通用航空的管理体制

通用航空业管理体制主要涉及空域管理体制、行业监管体制和国际通用航空业的管理体制。

1. 空域管理体制

根据《中华人民共和国民用航空法》（简称《民航法》）和《中华人民共和国飞行基本规则》，国家对空域实行统一管理。国务院、中央空中交通管理委员会领导全国的飞行管制工作，空军负责具体管理工作，包括审批飞行计划、指定航路和飞行高度、制定飞行规则、管制空中交通、管理飞行禁区等。根据《中国民用航空空中交通管理规则》规定，民航局空中交通管理局负责全国民用航空空中交通管理的组织实施。

2. 行业监管体制

《民航法》对我国民用航空各个方面的监管进行了规定，国务院民用航空主管部门是中国航空运输业的行政主管部门和行业监管机构，对全国民用航空活动实施统一监督管理，代表国家履行涉外民航事务职能。

根据《民航法》等法律法规，民用航空主管部门具体监管内容包括：民用航空器国籍登记及适航管理，航空人员训练、考核、体格检查、颁发执照等管理，全国民用机场的布局和建设规划管理，民用机场使用许可证审批及颁发，民航无线电管理等。

根据《民航法》的相关规定，民用航空主管部门负责通用航空企业经营许可证的审批。未取得经营许可证的，工商行政管理部门不得办理工商登记。从事非经营性通用航空的，应当向民用航空主管部门办理登记。此外，民用航空主管部门及所属民用航空地区管理部门还根据《关于引进进口通用航空器管理暂行办法》对进口通用航空器实施两级审批和管理。

3. 国际通用航空业的管理体制

由于通用航空器通常航程较短，较少进行国际飞行，除公务航空之外，其他领域尚未有明确的适用于国际通用航空运输活动的公约、双边服务协定、管理制度。通常，公务机等固定翼飞机进行国际飞行，依据公共运输航空国际飞行公约、双边服务协定，以及途经国相关民航管理部门的具体规定展开。直升机等航空器进行国际飞行，一般遵循途经国民航管理部门的具体规定展开。

二、中国通用航空的相关法律法规

近年来，中国制定并颁布了一系列有关通用航空市场准入、适航规定和飞行运行等方面的法规、规章等。中国现行通用航空法律以《民航法》为核心，辅以《国务院关于通用航空管理的暂行规定》《通用航空飞行管制条例》等专门的行政法规以及一系列有关通用航空的民航规章。这些成为规范通用航空活动的法律依据，初步形成了通用航空法律法规体系。

1. 国家法律

《民航法》是从事民用航空活动的单位和个人都必须遵守的根本大法，1995年10月30日通过，1996年3月1日正式实施，2017年11月4日第十二届全国人民代表大会常务委员会第三十次会议修正。这部法律第十章第一百四十五～一百五十条对在我国从事通用航空活动必须具备的法定条件做出了规定，设定了通用航空的定义以及从事通用航空活动的条件，明确提出保障飞行安全，保护用户、地面第三人以及从事通用航空活动的单位和个人的合法权益。

2. 航空法令性文件

在实施《民航法》的基础上，基于民航行业的特殊性，国务院还会同民航局制定出一些专业性较强的航空法令性文件，要求从事民用航空活动的单位和个人遵守，以便从事民用航空活动的单位和个人在遵循《民航法》的基础上更好地实施这些准则，《中华人民共和国民用航空器适航管理条例》《中华人民共和国飞行基本规则》《通用航空飞行管制条例》等就是这类航空法令性文件。

3. 航空规章

为了便于单位和个人在从事民用航空活动过程中更好地遵照和执行国家和民航主管部门的有关法律法规，也便于政府部门对民用航空活动进行监督和管理，民航主管部门还相应制定了一些规章，以保证各项法令的实施，如《中国民航规章》（CCAR）等。

《中国民航规章》是民航主管部门制定、发布的涉及民用航空活动专业性的、具有法律效力的管理规章，凡从事民用航空活动的任何单位或个人都必须遵守其各项规定。经过民航主管部门多年来的研究、实践、总结，逐步制定出了一套较为完整的航空规章制度并逐步加以完善。下面列举的是一些和中国通用航空相关的航空规章。

- 《民用航空产品和零部件合格审定规定》（CCAR-21-R4）。
- 《正常类飞机适航规定》（CCAR-23-R4）。
- 《运输类飞机适航标准》（CCAR-25-R4）。

- 《运输类飞机的持续适航和安全改进规定》(CCAR-26)。
- 《正常类旋翼航空器适航规定》(CCAR-27-R2)。
- 《航空发动机适航标准》(CCAR-33-R1)。
- 《航空发动机适航规定》(CCAR-33-R2)。
- 《涡轮发动机飞机燃油排泄和排气排出物规定》(CCAR-34)。
- 《航空器型号和适航合格审定噪声规定》(CCAR-36-R2)。
- 《民用航空材料、零部件和机载设备技术标准规定》(CCAR-37-AA)。
- 《民用航空器适航指令的规定》(CCAR-39-AA)。
- 《民用航空器国籍登记规定》(CCAR-45-R1)。
- 《民用航空器驾驶员和地面教员合格审定规则》(CCAR-61-R4)。
- 《民用航空使用空域办法》(CCAR-71)。
- 《一般运行和飞行规则》(CCAR-91-R3)。
- 《中国民用航空空中交通管理规则》(CCAR-93TM-R4)。
- 《小型航空器商业运输运营人运行合格审定规则》(CCAR-135-R2)。
- 《通用航空经营许可管理规定》(CCAR-290-R3)。
- 《民用机场使用许可规定》(CCAR-139CA-R1)。
- 《公共航空运输企业经营许可规定》(CCAR-201)。

4. 实施细则和具体管理文件

为了执行上述法律、法规，民航主管部门还发布了一些法规性文件作为实施细则，如适航管理程序、咨询通告、适航管理文件等。

三、中国通用航空的运营基本现状

通用航空是一个地方扩大对内对外开放的快速通道，是促进经济发展和改善民生的有效载体，发展前景广阔，潜力巨大。由于长期的政策原因以及之前经济基础相对薄弱，通用航空行业在中国目前还没有出现蓬勃发展的局面。在通用航空发展过程中，由于中国一直对低空领域没有开放，相应的基础设施都比较薄弱，供给能力呈现不足的局面。目前，中国通用航空主要呈现出农林作业比重偏高、工业服务市场单一、私人消费比重偏低的三种市场需求结构特点，与发达国家形成鲜明的对比。未来，中国通用航空市场需求结构必将随着经济结构调整向成熟市场靠拢，结合中国通用航空产业相关政策进一步放开，中国通用航空产业将迎来向全产业链快速扩张的蓝海。

（一）中国通用航空行业新进展

1. 通用航空企业

截至2020年年底，中国通用航空企业共计523家，比2019年增长9.4%。从地区分布看，通用航空企业排名前三的地区为：华东地区131家，中南地区120家，华北地区111家。如图1-6所示。2021年上半年新成立通航企业42家，总数达到565家。

2. 通用航空器

截至2020年年底，全国通用航空器在册总数为4165架，比2019年增长14.4%。其中固定翼飞机2478架，旋转翼飞机1347架，气球325架，飞艇4架，其他11架。如图1-7所示。

3. 通用航空驾驶员

中国民航驾驶员主要分布在运输航空公司（包括121部运输航空公司和135部运输航空公司）、141部飞行学校（包括教员和学员）、91部通用航空公司、运动航空器驾驶员、政府事务（包括交通运输部救助飞行队、中国民航校验中心等)、私用驾驶员和其他人员。截至2020年年底,全国民航驾驶员共计69442人。其中,通用航空驾驶员7076人。如图1-8所示。

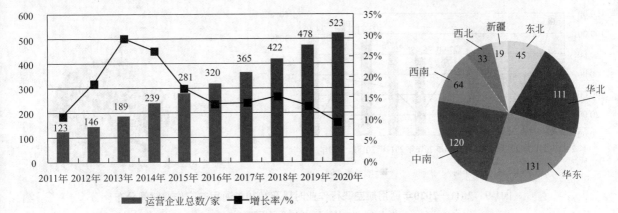

图1-6　2011—2020年通用航空运营企业(有人机)总体数量情况及地区分布

(数据来源:中国航空运输协会通用航空分会)

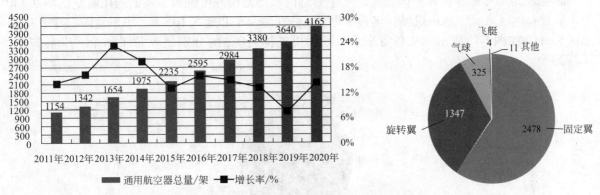

图1-7　2011—2020年在册通用航空器总量及2020年在册通用航空器类型分布

(数据来源:中国航空运输协会通用航空分会)

图1-8　2020年中国通用航空器驾驶员执照分布

(数据来源:中国航空运输协会通用航空分会)

4. 通用航空飞行小时

2020年,全行业完成通用航空生产飞行98.4万小时,比2019年下降7.6%。其中,载客类作业完成8.96万小时,比2019年下降10.0%;作业类作业完成15.06万小时,比2019年下降6.2%;培训类作业完成36.94万小时,比2019年下降4.5%;其他类作业完成4.22万小时,比2019年下降

20.7%；非经营性完成33.21万小时，比2019年下降9.1%。如图1-9所示。2021年上半年，通用航空飞行52.6万小时，同比增长50.3%。

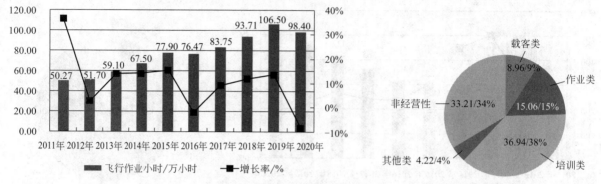

图1-9 2011—2020年通用航空飞行作业时量及2020年通用航空作业时间分布

（数据来源：中国航空运输协会通用航空分会）

5. 通用机场

截至2020年年底，已在中国民用航空主管部门取得使用许可证及备案的通用航空机场共340个。从分布地区来看，通用机场排名前3的地区分别是：东北地区102个，华东地区77个，中南地区57个。如图1-10所示。从各省来看，通用机场排名前3的分别是黑龙江88个，广东27个，江苏25个。

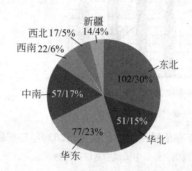

图1-10 截至2020年12月中国各地区通用机场数量及排名

（数据来源：中国航空运输协会通用航空分会）

（二）中国通用航空发展趋势与前景

通用航空是集"军民融合"属性于一身、最富"寓军于民"潜质的民用领域之一，在军民融合产业政策的推动下，通用航空产业落地加快，民营资本进入增加，行业增长势头良好。当前中国的通航产业平均每年以超过20%的速度增长，并且已经呈现出加速增长的态势。飞行器数量、飞行小时数和通航运营企业数量也呈现大幅增长的势头，预计到2025年，中国通用航空飞机数量将达1万架，要建成500个以上通用机场。

5G时代到来后，"北斗+5G"有望在机场调度、机器人巡检、无人机、车辆监控、航空物流管理等领域广泛应用，将进一步促进北斗增值服务的应用普及和多样化发展。北斗"融技术、融网络、融终端、融数据"的全面发展，正形成一个个"北斗+通用航空"创新和"+北斗"应用的飞行汽车新生业态。市场需求成为北斗创新和应用发展的核心原动力。未来10年，通用航空行业将有万亿元投资。中国航空产业发展体现为一"大"一"小"。大飞机是国家战略，小飞机是民间力量，将加快实现通航从"热起来"向"飞起来"的跨越。

拓展提高

1. 课程实践

昨夜星辰，冯如是最亮丽的"中国星"

从宇宙的角度看，百年只是弹指一挥，但对人类的文明进步而言，20世纪却是先辈们燃烧激情、放飞金翼，由二维大地羽化飞升至三维空间，完成"平面人"向"立体人"转变的大跨越时期。一飞冲天对人类不仅意味着自由翱翔，更重要的是，它将我们生存发展进步的航标指向了无垠的天空。

冯如，这位"中国航空之父"，1909年9月21日驾驶着自行设计制造的"冯如1号"飞机，在美国加利福尼亚州奥克兰市南郊完成了属于中国人的首次载人动力飞行。他的这次飞行，距莱特兄弟开创人类首次载人动力飞行仅过去不到6年。1912年，冯如因飞行事故牺牲，年仅29岁。短暂的生命，却给中国的天空留下了闪电般的光亮。他不仅是我国航空史上第一个飞机设计家、第一个飞机制造家、第一个飞行家、第一个飞机制造企业家、第一个革命军飞机长，还是第一个认识到飞机战略价值的人。

M1-4　中国航空之父——冯如

作为冯如先生的同族后人，中国工程院院士冯培德对冯如有着非比常人的情感。他认为，在冯如短暂的一生中，展示出了一种非凡的精神品质——他怀揣航空理想和报国之志，自主创新、自强不息、刻苦钻研、不避艰险，最终献身航空事业，这是冯如被后人推崇和景仰的重要原因。

中国工程院院士、著名航空动力学专家刘大响从技术的角度分析了冯如当时的创举。他说："冯如研制飞机比莱特兄弟晚了几年，但他并没有因为起步较晚就完全依赖于简单的仿制，也没有采用相对较成熟的双翼机结构，而是瞄准了当时比较先进的单翼机结构。事实证明，这个选择符合飞行器技术发展的趋势，也为冯如后来的成功奠定了坚实的基础。"刘大响院士说，创新精神是"冯如精神"中对当今社会最具现实意义，最应被传承、倡导和发扬的精神之一。

早在20世纪初，冯如就提出了一系列航空强国思想，认为"吾军用利器，莫飞机若"，"倘得千百只飞机分守中国港口，内地可保无虞"。空军专家董文先说："外国人称冯如为'东方莱特'，我认为他也是'东方杜黑'。冯如虽然比杜黑晚出生几年，但两人同时期对军事航空发展和飞机价值做出了近乎相同的判断，这样的远见卓识，十分难能可贵。"

如今，航空领域的发展突飞猛进，那些曾经光彩夺目的技术、学说已经在时光的打磨下黯然失色，我们为什么此时还要重提冯如？《中国空军》杂志前主编张冀安说："冯如的事迹启示我们，只有将精神和意志根植于大梦想、大追求之中，才能收获大作为、大成就。我们在此时纪念冯如，就是要找回可以使我们的事业成长壮大的根脉，使我们的眼光和胸怀更加开阔的高地，同时也为航空航天领域和空中力量不断拓展的责任空间以及存在价值，寻找精神、意志、思路和行动的支点。"

斯人已去，但冯如"中国航空之父"的形象、思想和精神却穿越百年时空，留给今天的我们无尽的追忆和思考。

【问题思考】

从冯如的成长和伟大创举中我们能感受到什么？哪些值得我们学习？

2. 阅读思考

全国首个！湖南获批全域低空开放试点省份

2020年12月11日下午，在长沙召开的湖南省低空空域管理改革试点拓展工作推进会发布消息称，湖南获批成为全国首个全域低空开放试点省份。这标志着，湖南通用航空产业迎来发展黄金期。

据湖南省发展改革委介绍，3000m以下低空空域是通用航空活动的主要区域。与前期四川、海南等局部空域试点相比，湖南省是全国第一个省域全域开放试点省份，将有利于构建纵横贯通、全省成网的"干线、支线、通用"无障碍串飞航路航线网络。

根据试点要求，湖南省将采用云计算、大数据、物联网等新技术，推动北斗导航系统、5G在低空通信、导航等领域的融合应用，实现通航飞行服务保障数字化、智慧化。

目前，湖南省正加快通航基础设施建设。湘西机场通航基地、娄底桥头河通航机场项目可研报告已获批复。益阳安化、益阳赫山、常德石门、郴州飞天山等一批新建通用机场项目也在加快前期对接。按计划，全省将建成"1+13+N"的通用机场骨架网。

近两年，湖南省以文化体育、旅游观光等为主的消费型通航业务发展迅猛，成为新的经济增长点。目前，全省共有注册通航公司18家，申请在湖南省作业和飞行的通航公司超过50家，在应急救援抢险、飞行训练、航空旅游体验、医疗急救、农林生产防护等20多个领域发挥了积极作用。

按计划，湖南省将根据现有产业基础、园区优势进行集中布局，着力壮大中小航空发动机、航空器整机、北斗导航低空监视等装备制造产业，加快普及医疗救护、应急抢险等社会公共航空服务，积极培育文旅体育、通航设计、金融服务、通航会展等通用航空全产业链。

据湖南省机场管理集团介绍，其将打造湖南通航"一小时通勤圈"，通过"飞起来""热起来"带动通航产业发展。计划开通株洲—张家界、株洲—武冈、常德—长沙等短途运输航线，还将大力开展飞行培训和飞行体验，设立飞行模拟体验点和航空科普馆，激发大众对飞行的兴趣。

资料来源：湖南省人民政府。

第二章

类型与市场：通用航空器

 知识目标

掌握航空器的含义及分类；
了解世界通用航空器的发展概况；
了解中国通用航空器的发展概况；
了解通用航空器的未来发展趋势；
认识中国通用航空器的租赁方式；
了解中国飞机租赁市场开展业务的租赁公司。

 能力目标

能识别通用航空器的不同分类；
能根据通用航空器引进流程，阐述通用航空器的"三证"办理流程。

 素质目标

了解通用航空器的未来发展趋势，树立"不甘守成，勇于开拓"的创新精神和迎难而上的精神风貌。

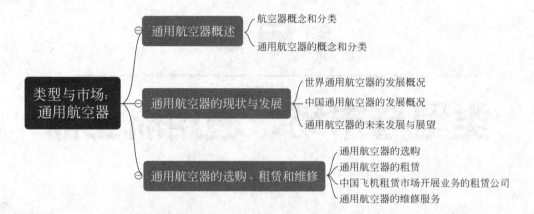

案例导入

国内首款自主研发航空活塞发动机试验成功

从芜湖航产园获悉，日前由芜湖钻石航空发动机有限公司研制的国内首款自主研发AEC2.0L航空活塞发动机，在芜湖顺利完成雨淋适航取证试验，这标志着该型发动机向着完成整机适航取证迈出重要一步，航空动力从此有了"芜湖心脏"。

据悉，AEC2.0L航空活塞发动机由芜湖钻石航空发动机有限公司自主研发，具有完全自主知识产权，是目前国内首款进入适航审查阶段的航空活塞发动机，未来将用于钻石飞机DA42、DA40等型号飞机适装，填补了国内相关领域空白，打破了国外相关技术的垄断和封锁。

此次AEC2.0L航空活塞发动机顺利完成的雨淋适航取证试验，是验证航空活塞发动机在吸入雨水后具备运行可靠性的重要试验。试验按规章要求经历3轮喷水运行、保湿静置，以模拟飞机在飞行和停场时遭遇暴雨、高湿等极端天气的状况。

芜湖钻石航空发动机有限公司表示，下一步将完成该型发动机研发生产工作，为国内通航制造产业发展提供强劲动力保障。

资料来源：芜湖新闻网，2022-03-25。

【问题思考】

通用航空器研发、制造居于通用航空产业的什么位置？近年来，国产通用航空器在哪些领域取得了重大突破？

通用航空是航空业大家族中的一个分支。航空业的发展是以航空器的生产和使用来划分的。在航空业发展的初期，航空业只是一个单一的行业，随着科学技术特别是航空制造技术的不断发展，航空技术应用到各个领域。应当说，通用航空的产生与发展离不开飞机等通用航空器的研制和技术进步，正是由于航空技术的进步带来的航空器研发和制造技术的迭代更新，才换来通用航空的今天。因此，通用航空从概念上理解和表述，必须从航空器这一前提出发。本章通过阐述航空器与通用航空器的概念及分类，重点介绍世界通用航空器市场、中国通用航空器市场的发展和未来展望，同时描述了中国通用航空器的选购、租赁和维修服务等方面的市场情况。

第一节 通用航空器概述

"工欲善其事，必先利其器"。通用航空器数量庞大，种类繁多，包括小型飞机、大型涡轮和螺旋桨飞机、直升机等机型，它们技术各异，用途广泛，具有不同的性能特点。

一、航空器概念和分类

（一）航空器的概念

很多人认为，航空器就是飞机，但是两者的概念并不一样。航空器是指在大气层中飞行的飞行器，包括飞机、飞艇、气球及其他任何借空气之反作用力，得以飞行于大气中的器物。

现代航空器的发展，得益于19世纪工业革命带来的科学技术巨大飞跃。19世纪，不断有人试图突破空气的束缚，但都失败了。随着内燃机的发明和广泛应用，在大气中的飞行也逐渐成为可能。1903年，美国的莱特兄弟率先在美国制造出能够飞行的飞机，并且实现了飞行的梦想。随后，飞机及相关的科学技术得到了飞速发展。

M2-1　航空器介绍

（二）航空器的分类

根据产生向上力的基本原理不同，航空器可划分为两大类：轻于空气的航空器和重于空气的航空器。根据航空器具体的结构特点，还可以进一步细分（图2-1）。其中，轻于空气的航空器靠空气静浮力升空，又称浮空器；重于空气的航空器靠空气动力克服自身重力升空。各种航空器在通用航空领域都有广泛应用。

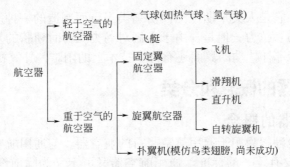

图2-1　航空器的类别

1. 轻于空气的航空器

轻于空气的航空器的主体是一个气囊，其中充以密度较空气小得多的气体（氢或氦），利用大气的浮力使航空器升空，热气球（图2-2）和飞艇（图2-3）都是轻于空气的航空器，两者的主要区别是前者没有动力装置，升空后只能随风飘动，或者被系留在某一固定位置上，不能进行控制;后者装有发动机、安定面和操纵面,可以控制飞行方向和路线。

2. 重于空气的航空器

重于空气的航空器的升力是由其自身与空气相对运动产生的。根据构造特点还可进一步分为下列几种类型。

(1) 固定翼航空器

固定翼航空器主要由固定的机翼产生升力。飞机是最主要的、应用范围最广的固定翼航空器。飞机是指由动力驱动、重于空气的一种航空器,其飞行升力主要由给定飞行条件下保持不变的翼面上的空气动力反作用力取得。按级别等级,飞机可分为单发陆地、多发陆地、单发水上、多发水上。

滑翔机与飞机的根本区别是,它升高以后不用动力而靠自身重力在飞行方向的分力向前滑翔。虽然有些滑翔机装有小型发动机(称为动力滑翔机),但主要是在滑翔飞行前用来获得初始高度。

(2) 旋翼航空器

旋翼航空器由旋转的旋翼产生空气动力。按级别等级,旋翼航空器可分为直升机、自转旋翼机(图2-4)。其中直升机是指一种重于空气的航空器,其飞行升力主要由在垂直轴上一个或几个动力驱动的旋翼上的空气反作用取得;自转旋翼机是指一种旋翼航空器,其旋翼仅在启动时有动力驱动,在自转旋翼机运动时,旋翼不靠发动机驱动,而是靠空气的作用力推动旋转。自转旋翼机的推进方式通常是使用独立于旋翼系统的常规螺旋桨。

图2-2 热气球

图2-3 飞艇

图2-4 自转旋翼机

(3) 扑翼机

扑翼机又名振翼机。它是人类早期试图模仿鸟类飞行而制造的一种航空器。它用像飞鸟翅膀那样扑动的翼面产生升力和拉力,但是,由于人们对鸟类飞行时翅膀的复杂运动还没有完全了解清楚,加之制造像鸟翅膀那样扑动的翼面还有许多技术上的困难,扑翼机至今还没有获得成功。

二、通用航空器的概念和分类

(一) 通用航空器的概念

通用航空器可通俗地理解为用于通用航空飞行的航空器。与通用航空的定义类似,目前各国对通用航空器的定义也没有统一的标准。通用航空器又可定义为除航线航空器之外的民用航空器,主要用于非定期运送旅客与货物和航空作业。

通用航空器是航空器中数量和型号最多的机种,不仅包括小型飞机,还包括大型涡轮飞机、螺旋桨飞机和直升机。通用航空器不仅用途极为广泛,而且相互交叉:同一型号的通用航空器可用于不同类型的通用航空活动,而不同类型的通用航空器又可用于同一类型的通用航空活动。无论是设计还是发动机和航空电子设备,无论是可靠性、性能还是功能,现代通用航空器都可以与任何民航客机相比较,甚至在某些方面超越民航客机。

(二)通用航空器的分类

由于通用航空器的用途非常广泛,航空器的构型、特点各有不同,可按用途、航空器类型和驾驶员技术要求对通用航空器做个大致划分。

1. 按用途划分

通用航空器按用途不同可分为运动飞机、公务机、农林飞机、多用途飞机。

运动飞机主要是指用于娱乐飞行和私人旅行的飞机,这类飞机多为采用单发或双发活塞发动机的小型飞机,飞机价格便宜、数量众多。

公务机是指专门用于行政与公务飞行的飞机。这类飞机有可乘4~6人的小型机,也包括载客20人的大型公务机。随着公务航空的快速发展,公务机已成为通用飞机中发展较快的一部分。

农林飞机是指经制造和改装后专门用于农业和林业服务的飞机,其最典型的用途为灭虫、施肥和播种。大部分农林飞机是固定翼飞机,直升机也正在得到越来越多的应用。

多用途飞机是指用于各种工业航空服务、客货运输的飞机。此类飞机数量庞多、用途繁杂,其用途包括飞行培训、科研生产、客货运输、地质勘探、海洋监测、空中游览、医疗救护及监护飞行等。多用途飞机包括固定翼飞机和直升机。

2. 按航空器类型划分

通用航空器按航空器类型可划分为固定翼飞机、旋翼机两类。固定翼飞机按采用的发动机类型分为活塞发动机飞机、涡轮螺旋桨发动机飞机、喷气飞机。旋翼机则包括直升机和倾转旋翼机,由于民用倾转旋翼机尚未投入使用,这里的旋翼机是指直升机。直升机按采用的发动机也可分为活塞发动机直升机和涡轮轴发动机直升机。

3. 按驾驶员技术要求划分

不同的通用航空器飞行对驾驶员的驾驶技术要求也有所不同,因此按驾驶员技术要求可将通用航空器划分为下述三类。

个人:用于航空器拥有者个人使用的航空器。航空器的拥有者也是航空器的驾驶员。通常飞机的驾驶员按目视飞行规则(VFR)驾驶飞机,因而其飞行对本国空中交通管制系统造成的负担也较小。飞机拥有者一般不租用机库停放飞机,并且也不需定制民用天气服务。

公务:航空器拥有者兼飞行员,用于公务飞行且飞行过程中无专业空勤人员参与的航空器。典型的公务飞行活动如某个销售人员驾驶其自有飞机访问其销售区域的不同地点。一般来说,飞机拥有者与其他人共同租用机库停放飞机,购买保险并且会购买民用天气预报服务。一般来说,公务机拥有者要比个人使用者更频繁地驾驶飞机飞行。

行政、通用和其他:飞行需要专业空勤人员参与的航空器。这些航空器的拥有者一般需要租用私人机库、支付保险并且雇用专业驾驶员。

(三)常见通用航空器的性能与特点

1. 中小型固定翼飞机

固定翼通用飞机多以中小型飞机为主(个别大型以上公务机例外),一般载客在30人以下,多为活塞式飞机或涡桨式飞机,公务机则多为喷气式飞机或涡桨式飞机。通用飞机主要执行固定航线公共航空以外的航空活动。活塞式飞机在数量上占据了通用固定翼飞机机队的大部分,而且活塞式飞机多为小型飞机,价格便宜。涡桨式飞机较活塞式飞机的尺寸更大、飞行速度更快、价格也更高。在各类通用飞机中,喷气式飞机的飞行速度最快、航程最远。喷气式飞机价格和驾驶专业技术要求更高,多用于公务飞行和政府行政飞行。

2. 直升机

理论上与"固定翼飞机"相对应的应为"旋翼机",旋翼机包括直升机和倾转旋翼机,但由于民用倾转旋翼机目前尚未出现(目前只有军用型号V-22),因此,这里就只讲直升机。直升机一般采用活塞发动机或涡轮轴发动机两种动力形式,目前,活塞发动机只使用在轻型直升机上,其他大部分直升机采用涡轮轴发动机。通常所有民用直升机都属通用直升机范畴,按照官方规定,中国的警务、海关缉私直升机不包含在通用直升机范围内。另外,一般情况下,"飞机"一词是专指固定翼飞机,不包含直升机。在本书中则依照实际操作的习惯称呼,所涉及的"通用飞机"的概念包含直升机。

3. 特殊用途飞行器

除固定翼飞机和直升机外,通用航空器还包括一些特殊用途和形式的飞行器。例如,密度小于空气的热气球、飞艇等,以及自由旋翼机、超轻型飞机等。这些飞行器除有些飞艇和超轻型飞机用于空中巡视、空中吊装作业等用途外,多数用于娱乐飞行和运动飞行,且多为非批量生产型号,数量较少,在通用航空领域所占比例不大。

4. 运动飞行器

运动飞行器包括伞翼、动力伞、滑翔机等类型,这些飞行器主要用于空中飞行运动和竞赛,用于专业运动员或是爱好者从事运动,普及度相对不高。

本书主要介绍固定翼飞机和直升机,对特殊用途飞行器和运动飞行器暂不进行介绍。

第二节 通用航空器的现状与发展

一、世界通用航空器的发展概况

(一)通用航空器生产情况

1. 全球通用飞机交付量

根据美国通用航空制造商协会(GAMA)数据统计,2012—2018年,全球通用飞机交付量均保持在2500架以下,每年的同比增长率均保持在±5%以内,可见这7年全球通用飞机交付量的增长较为平稳,有些年份还会出现下降的情况。2019年全球通用飞机共交付2658架,同2018年的2443架相比,增长了8.80%,全球通用飞机的交付量达到了最近10年来的顶峰。2020年,受疫情影响,全球通用飞机交付量降为2408架。2021年又恢复增长为2630架。见图2-5。

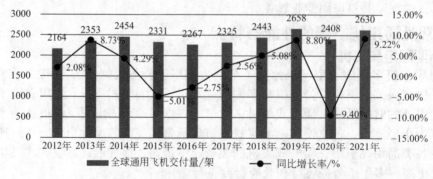

图2-5 2012—2021年全球通用飞机交付量及增长趋势

(数据源自GAMA统计信息)

2. 全球通用飞机营业额

纵观近10年全球通用飞机营业额，自2013年增长为234.21亿美元后，基本保持在200亿美元以上。在2014—2017年，全球通用飞机成交额随着交付量的下降而逐年下跌；2017—2019年随着交付量开始上涨，全球通用飞机的营业额也跟着上升，2019年全球通用飞机营业额为235.15亿美元，同比增长14.35%。2020年，受疫情影响，全球通用飞机营业额下降为200.48亿美元，同比减少14.74%。2021年，随着市场逐渐恢复，全球通用飞机营业额又快速增长为253亿美元。见图2-6。

图2-6　2012—2021年全球通用飞机营业额及增长趋势

（数据源自GAMA统计信息）

（二）各类通用航空器生产情况

1. 活塞式飞机

在2014年前，全球经济仍受到2008年金融危机的后续影响整体不佳，使得全球活塞式飞机的出货量均在1000架以下；2014—2021年，全球活塞通用飞机交付量呈现波动增长态势，出货量均保持在1000架以上，尽管有些年份同比增长率为负，但总体增长趋势明显。见图2-7。

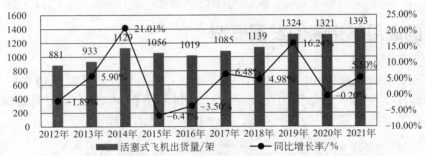

图2-7　2012—2021年全球活塞式飞机出货量及增长趋势

（数据源自GAMA统计信息）

2. 涡轮螺旋桨式飞机

2013年，涡轮螺旋桨式飞机的出货量增长至最高值，自此后全球对涡轮螺旋桨式飞机的需求疲软，出货量呈下降态势。特别是2020年，受疫情等多方因素影响，全球涡轮螺旋桨式飞机的出货量仅为443架，同比下降15.62%。2021年，市场行情有所好转，出货量增长为527架，同比增长19%。见图2-8。

3. 公务机

2012—2021年期间全球公务机出货量较为波动。2016—2019年出货量呈逐年上涨态势。至2019年，全球公务机的出货量为809架，达到近十年最高峰。2020年，受疫情影响全球公务机出货量跌幅明显，仅为644架，同比下降20.39%。2021年逐渐反弹，出货量又增长为710架。见图2-9。

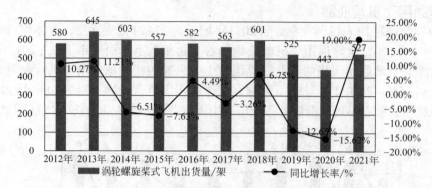

图2-8 2012—2021年全球涡轮螺旋桨式飞机出货量及增长趋势

（数据源自GAMA统计信息）

图2-9 2012—2021年全球公务机出货量及增长趋势

（数据源自GAMA统计信息）

二、中国通用航空器的发展概况

1. 通用航空器总量

中国通用航空器的数量自2011年以来始终保持上升的趋势，机队规模稳步扩大。截至2020年年底，全国通用航空器在册总数为4165架，比2019年增长14.4%。其中固定翼飞机2478架，旋转翼飞机1347架，气球325架，飞艇4架，其他11架。见图2-10。

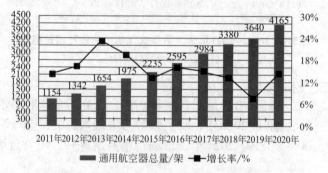

图2-10 2011—2020年中国通用航空器数量及同比增长率

2. 通用航空器类型占比

机队构成方面，涡桨和活塞固定翼飞机占到了通用航空器总数的50%。其中活塞固定翼飞机主要应用于飞行培训，而涡桨固定翼飞机凭借更强的性能而广泛应用于农林作业、通勤运输、航拍航摄等领域。

直升机占到了机队总数的37%，主要应用于海上石油服务、空中巡查、农林植保、空中游览、电力巡线等领域。代表着高端出行的公务机则占到了机队总数的11%，尽管数量上占比不大，但由于飞机平均单价较高，从机队价值上来看同样不容忽视。见图2-11。

3. 通用航空器机型分布

（1）涡桨和活塞飞机市场：德事隆航空稳居第一

涡桨和活塞固定翼机队占整个通用航空器机队的50%，从数量上来看是构成通用航空器机队的最主要力量。

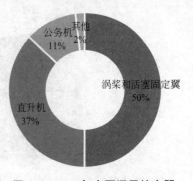

图2-11　2020年中国通用航空器类型占比

从涡桨和活塞飞机制造商的市场份额来看，德事隆航空稳居第一，市场份额达30%，旗下机型种类众多，其中赛斯纳172和赛斯纳208分别为市场上占有率最高的活塞和涡桨的机型。赛斯纳172也是世界上最成功的轻型通用飞机之一，广泛应用于飞行培训等领域。

钻石以23%的市场占有率位居第二，单发活塞机型DA40和多发活塞机型DA42是其最受欢迎的机型。航空工业作为中国最大的航空工业集团，以18%的市场份额位居第三。其自主研发生产的单发活塞机型运5和双发涡桨机型运12同样拥有可观的市场占有率。见图2-12。

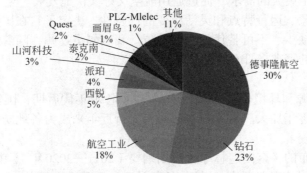

图2-12　涡桨和活塞飞机各制造商市场份额占比

（2）直升机市场：罗宾逊占据榜首

直升机机队占整个通用航空器机队的37%。从直升机制造商市场份额来看，罗宾逊凭借R44和R22这两款"爆款"机型而占据榜首，占比达30%。总部位于法国的空客、美国的贝尔和意大利的莱昂纳多分别凭借23%、16%和10%的市场份额占据第二至四名。见图2-13。

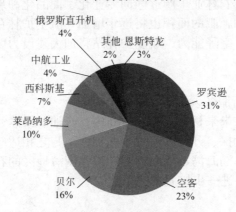

图2-13　直升机各制造商市场份额占比

（3）公务机市场：湾流霸占榜首

中国内地的公务机机队从数量上仅占整个通用航空器机队的11%。从公务机制造商市场份额来看，湾流依然霸占榜首，市场份额达36%。

总部位于加拿大的庞巴迪、美国的德事隆航空、法国的达索和巴西的巴航工业分别凭借28%、13%、10%和5%的市场份额占据第二至四名。见图2-14。

本田作为公务机行业的新进入者推出的HondaJet凭借其超低的运营成本开始在中国崭露头角。

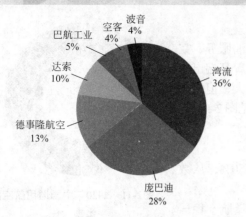

图2-14　公务机各制造商市场份额占比

三、通用航空器的未来发展与展望

1. 通用航空器市场应用前景

通用航空发展离不开社会和经济发展的大环境。21世纪我国要实现第三步战略目标。中华人民共和国成立100周年时，基本实现现代化，建成富强、民主、文明的社会主义国家。经济飞跃发展，将对通用航空产生更大的需求，促进通用航空又好又快地发展。

通用航空的服务对象、运行特点和灵活应变的优越性，决定了它在国家经济建设和社会发展及对外开放中占有不可缺少、不可替代的服务地位。我国幅员辽阔，随着经济建设和社会的迅猛发展，各类通用航空器的需求将日益增多。

（1）农林作业领域

随着国家对森林资源和环境保护的重视，自20世纪90年代后期，国家对航空护林的重视逐渐增长，中央财政投入逐年加大。人工降水、降雪飞行近年来成为各地防寒抗旱的重要手段，中央、地方政府投入资金较多。

在原国家林业局发布的《全国造林绿化规划纲要（2011—2020年）》中提出："加快宜林荒山荒（沙）地造林、其它灌木林地造林，在生态脆弱区和重要生态区位25度以上陡坡耕地和严重沙化土地有规划、有步骤地安排退耕还林，是实现未来10年造林绿化奋斗目标的首要任务。到2020年，规划人工造林、飞播造林、封山青林5700万公顷。其中'十二五'期间，人工造林、飞播造林、封山3000万公顷。"国家财政还将进一步加大对农林飞机引进的支持和投入。农林业作业需求量很大，但突出的矛盾是农林业飞机短缺。需要加快宜林荒山的绿化，防止退化，进行沙化草原的复壮和改造。随着农林业生产逐渐向专业化、商品化和现代化转变，使用飞机和直升机防治农林业病、虫、鼠害和施肥的面积也将逐年增加。航空护林在东北和西南林区将加密巡护航线，增加扑灭林火的空投、空降能力，航空护林站将加大建设力度，巡护航线数量、航线长度也将大幅增加。

（2）工业航空领域

① 油、气资源勘探及飞行服务领域。

从作业市场来看，由于在未来相当长一段时间内，石油、天然气等能源仍处于紧缺状态，中国近海石油自行或对外合作勘探、开发的速度不断加快，与之相适应的是，海上石油飞行服务的市场规模将持续发展和扩大，渤海湾、辽东湾、东海和南海地区的石油作业对其需求很大，陆上石油作业对其服务需求量也将进一步扩大。

② 水、电建设飞行服务。

随着国家电网有限公司的成立，以及发电、送电生产的分离改革的完成，企业开始注重提高效率,直升机吊装、吊挂和巡线飞行现已进入生产过程,成为不可缺少的手段。水电建设已经由东部平原向西南山区转移,那里地势险要,交通不便,急需使用直升机进行输电线路的组塔、架线等施工作业。

③航空摄影、航空探矿领域。

对于航空摄影、航空探矿等基础性、前期性作业市场而言,为适应国民经济建设的需要,国家基础地理、资源信息的收集相当迫切,其市场规模还会进一步扩展,需求将逐年增加。

(3)其他领域

①公务航空。

随着国际交往的增加和人民生活水平的提高,将有越来越多的国外客商、旅游者来中国经商、游览或观光,国内旅游逐步兴起,势必对公务飞行、空中游览、短途旅游包机有较大需求。随着政策放开,公务航空将是中国通用航空市场增长最快的领域。近年来,公务航空已经呈现出较快的增长趋势,多家国营、民营大型企业通过航空器代管的方式拥有了自己的航空器。越来越多的国内大企业、大集团和跨国公司将全球总部或地区总部设在中国,对公务飞行需求巨大。仅上海地区机场在2006年就接待保障外国公务机577架次,本地区航空公司承担的公务飞行量达135架次。

②驾驶员培训。

随着我国经济的发展、娱乐飞行的升温和驾驶员培养制度的改变,私人驾驶员培训是一个很有发展潜力的市场。这个市场将来会非常庞大。全世界有30多万架通用飞机,每年总飞行时间达3500万飞行小时。在美国,通用飞机有23万架,而发展中国家巴西的通用飞机也超过了3000架。相对而言,我国通用飞机数量只有近4000架。从驾驶员数量上看,美国驾驶员的数量大约为60万名,巴西驾驶员数量约为40000名,而中国截至2020年驾驶员执照数量为68000多本,其中私用驾驶员执照仅4309本。

③低空旅游和通勤运输。

近年来,随着我国低空领域逐步开放,低空旅游市场预计有较大的增长。2012年,我国首个低空旅游专项规划在三亚亮相,开通了"低空观光旅游"这一通用航空产业的典型商业化项目。此前,低空旅游试点已在陕西、北京、山东、江苏等多个省(市)展开。低空旅游直接推动的或许是"国内航空热",而间接推动的则是中国通用航空产业的"破冰之旅"。随着低空空域的开放,从通用飞机的硬件维修、管理人才培训、驾驶员培养,到运营基地建设、低空旅游市场开发,一个新产业链将在我国形成。除低空旅游外,我国地域辽阔、地貌复杂,对于一些由于地理原因不适于修建公路、铁路或是人口稀少、距离遥远的地区,修建公路、铁路显然效费比不高,而修建小型通用机场,采用小型飞机运输人员货物会具有更好的经济效益和社会效益。

除农林业飞行、人工降水等具有准公共服务性质的飞行作业之外,其他飞行作业都具有竞争性。由于许多经营项目资金来源为财政投入,纯市场交易的色彩不浓。从市场交易的规模来看,通用航空在整体航空市场中还处于很弱的地位,其长远需求虽然前景较好,能达成的交易量则受财政投入的影响很大。从我国现在国家和地方两级财政收入的趋势看,未来将会呈上升趋势,特别要引起注意的是:国内企业和事业单位购置的数量不断增加,直升机用于摆渡乘客,小型飞机用于近距离城市之间的旅客穿梭飞行,城市直升机医疗救护、引港员直升机摆渡、警用直升机、电视台用直升机等飞行项目不断投入应用,也将推动我国通用航空的发展。这标志着国民经济发展到一定水平,对通用航空将会有较旺的需求。

2. 通用航空器的技术发展

(1)通用固定翼飞机研制趋势

通用固定翼飞机的发展趋势是向多用途化、普及化和系列化发展。通用固定翼飞机研制和发展的方向有以下几个方面：根据最大效率和可靠性优化设计方案；采用新翼型，特别是大升力系数和高升阻比相结合的超临界翼型；降低机身的气动阻力；采用复合材料；研制轻巧、可靠和经济的发动机；综合化航电设备。其目标是提供新的机体、发动机和电子设备，使通用飞机更廉价、更易于飞行、更安全。

资料链接

2022年3月11日，株洲芦淞通用机场，我国首款油电混合动力通用固定翼飞机绕机场上空飞行一圈后，稳稳停在跑道上。打开舱门，试飞员陈实兴奋地说："平稳、安静、响应快、加速快，动力富余。"

"航空产业要实现快速减排，现有燃油动力技术无法满足要求。"湖南山河科技股份有限公司研发人员周志东介绍，目前全球在这一领域的研发项目多达数十项，但成功的并不多。两年前，中国航发608所联合湖南山河科技股份有限公司、中国航发331厂、湘潭大学等机构，基于湖南山河科技股份有限公司SA60L轻型运动飞机平台（图2-15），突破串联架构混合电推进系统关键技术，成功研制国内首套航空混合电推进系统。

图2-15　油电混合系统的SA60L

试飞的油电混合动力通用固定翼飞机，外观与湖南山河科技股份有限公司SA60L轻型运动飞机无异，但"心脏"改为航空混合电推进系统。该系统通过燃气涡轮发动机驱动发电机发电，与储能系统共同为电动机提供电力，再由电动机驱动螺旋桨为飞机提供动力。测试显示，相比传统动力，该系统具有布局灵活、高可靠性、高安全性等优点，可实现油耗降低50%～70%，氮氧化合物排放降低80%。

此次试飞是国内首次开展油电混合动力有人机飞行试验。周志东说，试飞结果表明，该系统还可应用于垂直起降城市通勤飞行器、支线飞机等飞机平台，也能拓展应用于船舶、车辆推进领域，前景十分广阔。

公务机与大型商业飞机技术上共性最大，已开始大力使用喷气技术、先进复合材料和综合化航电等。速度快、航程远、乘坐舒适是喷气式公务机最大的优势。近年来公务机产销量越来越大，产销的主流产品依然是喷气式公务机，活塞式公务机由于速度慢，舒适性和可靠性也稍差，已逐渐淡出市场。而涡桨式公务机，由于其价格比喷气式公务机低廉，成为替代活塞式公务机占据低端市场的类型，将来也是公务机市场的一个重要的补充。

农林飞机没有过多的先进技术，主要是要达到安全、适用和经济的作业性能要求，其发展主要集中在以下几方面：提高飞机的安全性；改善飞机性能，特别是低空低速机动性；改装涡桨发动机；大量采用复合材料；完善配套设备。

（2）直升机技术发展

为了突破常规构型直升机因固有设计造成的飞行速度限制，满足用户对直升机既能垂直起降、悬停飞行，又能飞得更快、更高、更远，而且安全、舒适、经济的要求，各国都在研究新构型直升机。目前，各国的研究思路基本趋于一致，都是在保留直升机旋翼、机身等基本部件的同时，通过去除尾桨及传动装置，采用复合水平推进系统或固定式机翼来提升速度、改善性能；或采用转换式旋翼飞行器，通过直升机技术与固定翼飞机技术相结合，提升航程、速度等性能。其中最具代表性的有倾转旋翼式、复合推进式和旋翼/机翼转换式三类构型方式。

第三节 通用航空器的选购、租赁和维修

随着我国经济的持续发展以及国家低空空域和通航产业的深入改革，通用航空正在步入急速发展期，各通航企业不断引进各类通用航空器，行业规模急剧壮大。特别是近几年平均增幅达30%，可以预见我国通用航空后续发展潜力巨大，也对通用航空器的选购、引进和后续维修保障服务提出了更高要求。

一、通用航空器的选购

1. 通用航空器的选择

由于用户不同、作业性质不同、作业地点不同，因而对通用航空器的选择会有很大的区别。中国幅员辽阔，一些欠发达地区与经济发达的东南沿海之间，大漠为阻、高山相隔。西部地区的资源优势由于交通不便而长期得不到发挥，交通已成为制约西部地区经济发展的瓶颈。西部地区铁路路网单薄，公路等级低、密度小，全国未通公路的乡镇大部分集中在此，而且多数地区机场小，不便大型飞机起降。因此用户要根据自身的地理位置、经营需要等实际情况选择购买飞机。

目前，中国航空工业集团有限公司生产的不少中小型飞机和直升机均符合上述需求，它们将在改善西部交通运输条件、加强生态环境保护、推动各产业发展、加速基础设施建设等方面发挥巨大作用。国外飞机厂商也有很多直升机、固定翼飞机，可供通用航空及航空作业选择。因此，通用航空器的购买或租赁，要根据用户的使用目的、使用地区、使用频率、使用方式和机队规模，以及使用地区的地理、气象等多方面的因素，向有关方面咨询，甚至进行机型论证后，再做出决策。

2. 通用航空器的引入

通用航空企业主要通过购买、租赁及托管等方式完成航空器的引进工作。从通用航空器交付到最终投入运行，主要经历的阶段如图2-16所示。

（1）通用航空器接机验收

通用航空器的引进，首先要完成航空器的接机验收工作，其接机程序、接机对象与内容以及接机依据如图2-17所示。

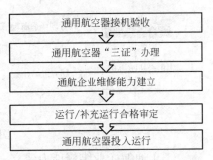

图2-16 通用航空器引进及投入运行流程

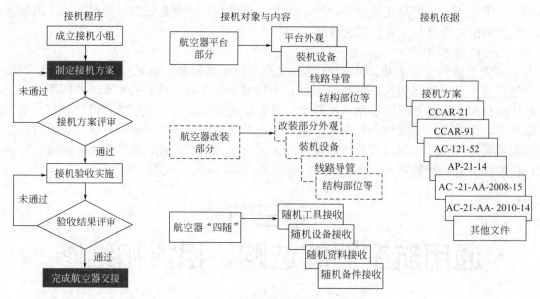

图2-17 通用航空器接机验收工作

（2）通用航空器"三证"办理

完成通用航空器的接机验收后，需依次完成航空器国籍证、适航证及电台执照的办理工作，相关办理程序、审查对象与内容、办理依据如图2-18所示。

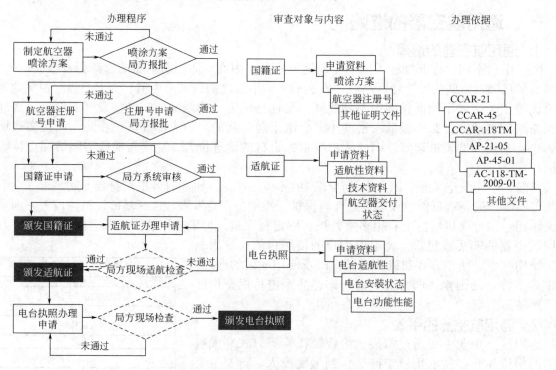

图2-18 通用航空器"三证"办理工作

（3）通航企业维修能力建立

新引进机型投入运行前，通航企业的维修系统（若有的话）一般需要通过维修增项申请工作，至少获得该型航空器航线维修的批准，相关流程如图2-19所示。

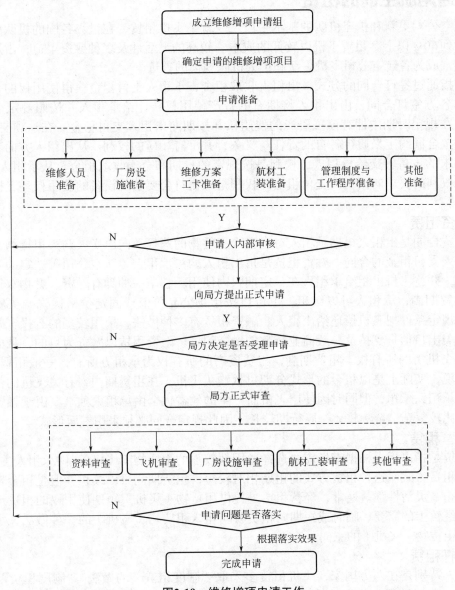

图2-19 维修增项申请工作

（4）运行/补充运行合格审定

航空器完成交接验收、取得合格证件并建立维修能力后，运营人即可申请进入运行/补充运行合格审定阶段。合格审定工作主要分为审定准备、预先申请、正式申请、文件审查、验证检查、签署运行规范6个阶段。

运营人需依据厂家提供的适航性资料及民航法规制定航空器的MEL、飞行训练大纲、驾驶舱检查单、运行符合性声明、豁免/偏离请求、重量平衡控制程序等。局方审查小组对运营人提交的资料进行符合性审查，同时，通过现场观察、评估等形式审查申请人的各类运行活动，如人员训练的评估、训练大纲的实施、航空器符合性检查、主营运基地/维修基地检查、纪录保持及管理程序、机组成员记录、训练飞行评估、验证试飞等，最终以批准运营人运行手册及运行规范的形式批准引进航空器投入运行。

二、通用航空器的租赁

各国航空公司更新和扩充机队的基本手段之一就是飞机租赁，在世界各国的机队中，飞机租赁的比例达到60%以上。租赁飞机以较低的成本、较高的灵活性及多种融资渠道，占用较少流动资金等特点，成为各航空公司飞机更新和扩大机队规模的首选。

租赁是指通过签订合同的方式，出租人收取租金，承租人支付租金获得使用权的一种交易行为。即交易各方签订合同，由出租人将拥有的资产使用权转让给承租人并按照规定要求收取租金，承租人在规定时期内拥有该项资产的使用权并按期向出租人支付租金。在这项交易过程中，租赁各方均按合同约定来履行各自的责任与义务，并享有相应的权利。从出租人方面看，其责任是将符合要求的设备转交给承租人，权利是按规定的日期和金额收取租金；从承租人方面来看，其责任是按权利的要求向出租人支付租金，权利是取得符合要求的设备的使用权。飞机租赁的主要方式如下。

1. 融资租赁

融资租赁合同是出租人根据承租人对出卖人租赁物的选择，向出卖人购买租赁物，供承租人使用，承租人支付租金的合同。融资租赁是指出租人购买承租人（航空公司）选定的飞机，享有飞机所有权，并将飞机出租给承租人在一定期限内使用。它是一种具有融资、融物双重职能的租赁方式，租赁期满，承租人可以续租，也可以按市场公允价值或固定价格优先购买所承租的飞机，或者按规定条件把飞机偿还给出租人。融资租赁有多种做法，采用较多的有投资减税杠杆租赁，利用欧美出口信贷支持及一般商业贷款的融资租赁。融资租赁以融资为目的，从而最终获得租赁资产（飞机）的所有权。租赁期满，租赁资产的所有权为承租方所有，一般租赁期限较长。对承租人来说，实际上是以租金的形式分期付款购买飞机。在租赁期内，有关飞机的保养、维修等费用全由承租人承担，但同时因使用飞机而产生的效益也全由承租人独享。由于融资租赁合同的法律关系比较复杂，金额较大，履行期较长，因此规定合同必须采用书面形式。

2. 经营租赁

经营租赁是指出租人根据市场需要选择通用性较强的租赁物（飞机），供承租人（航空公司）选择租用的租赁方式。这种租赁方式的租期相对较短，租赁期满可以续租，但是租金较高。合同可以随时终止，灵活性强。通常，经营租赁是提供租赁物（飞机）短期使用权的租赁形式，是承租人为满足经营上的需要，临时或短期向租赁公司租入租赁物（飞机）的一种做法，承租人并无长期使用该租赁物（飞机）的意向。

3. 杠杆租赁

在国外，特别是在西方国家，飞机租赁多采取"制度租赁"的做法。"制度租赁"就是利用政府对某个行业或项目的优惠政策，并结合租赁的特点创新出一种新的投资方式，这就是我们通常说的"杠杆租赁"。通常的做法是：由租赁公司或大的财团出资15%~20%，民间投资出资80%~85%（但是无追索权）组成一个飞机租赁公司，从飞机制造商那里购买飞机，然后租给航空公司使用。这种操作方法现在已经有一套非常成熟的经验和保险措施，特点是在租赁时不需要担保，风险由投资人承担。

杠杆租赁是国际上航空业广泛采用的租赁方式，是一种高技术、高智力的融资方式。以杠杆租赁方式租机，不仅能够满足上千万美元资金、租赁期超过10年的融资需求，还可以因租赁飞机的利率低于购机贷款利率，从而节约大量资金。但是杠杆租赁，特别是在办理跨国杠杆租赁合同时，由于其交易结构、法律关系、合同文本相当复杂，一般航空公司是不可能解决的，必须找一个专业的机构专门处理，才能保证不出差错。

4. 湿租

湿租是相对于干租而言的。干租是指仅租赁飞机的使用权。湿租则要求出租人不仅要提供飞机，而且同时还要提供相应的机组人员、乘务人员及机务维修人员等，以保证飞机的飞行服务。也就是说，通常航空界常见的湿租方式就是一种实质意义的经营租赁关系。

5. 转租赁

转租赁是指出租人从另一家融资租赁公司或航空公司租进飞机，然后转租给承租人使用。第二出租人可以不动用自己的资金而通过发挥类似融资租赁经纪人或中介人的作用而获利，同时能分享第一出租人所在国家的税收优惠，降低融资成本。转租赁多发生在跨国的飞机租赁业务中。

6. 出售后回租

出售后回租是航空公司先将自己的飞机出售给融资租赁公司（出租人），再由租赁公司将飞机出租给原飞机使用方（承租人）使用。航空公司通过回租，可以满足其改善财务状况（资产负债表）盘活存量资产的需要，并可与融资租赁公司共同分享政府的投资减税优惠政策带来的好处，以较低的租金即可取得继续使用飞机的权利。飞机所有人（航空公司）通过这种方式可以在不影响自己对飞机继续使用的情况下，将物化资本转变为货币资本。

7. 尾款租赁

尾款租赁又称"残值（余值）租赁"或"二手飞机租赁"。不论是采用融资租赁还是采用长期经营租赁，按合同规定，除去租期内航空公司已支付的租金，一般此时飞机的残值仍占飞机购置成本的30%～40%，金额比较大。若由航空公司用自有资金或申请贷款"留购"，其结果势必影响公司当年的资产负债和收益状况；若"退租"，将减少运营飞机的拥有量，失去低成本扩张和进行资产优化配置的机会。因此，通常航空公司与国内金融租赁公司合作，采用国际通行的做法，将租赁合同权利转让或以出售后回租等方式，对租赁到期的飞机进行尾款租赁，即飞机的"续租"。目前，国内已经有一些航空公司开始与投资人合作，做飞机的尾款租赁，并取得了很好的效果。

通用及支线航空作为中国民用航空的重要组成部分，有着更为广阔的市场空间，随着国民经济的持续快速增长，特别是西部大开发战略的实施，通用及支线市场必将赢得巨大的增长空间。与航线飞机相比，通用及支线飞机将以较高的上座率、更广泛的用途和较低的使用维护成本赢得更多用户的青睐。目前，巴西、北美、欧洲的支线飞机纷纷看好中国的支线飞机市场和通用航空市场。国产支线飞机也由巨大的市场潜力转变为现实能力。国内企业可以通过借鉴国外的成功经验，充分发挥租赁特有的促销作用，组建专业的飞机租赁公司，采用国际通行灵活的租赁经营方式，进行国产支线飞机、商用机的销售和租赁服务；利用国产飞机的价格和本币优势，结合国家出台的关于国产飞机的扶持政策，培育和挖掘民航、货运、航空快递、旅游、商务、航测、消防、航空俱乐部等不同市场，满足不同客户的需求，使国产飞机的专业租赁公司成为航空公司的配置中心，最大限度地抢占国内支线飞机市场。

三、中国飞机租赁市场开展业务的租赁公司

（一）以航空产业为背景的融资租赁公司

1. 中国飞机租赁集团控股有限公司

（1）公司概况

中国飞机租赁集团控股有限公司（简称中飞租赁）成立于2006年，总部设于香港。中飞租赁是中国首家经营性飞机租赁商，现为国内最大的独立飞机租赁商。根据环球航空业界最著名刊物之一《航空金融》杂志报道，中飞租赁凭借强劲的订单储备，于2019年被评为全球六大飞机租

赁商之一。截至2021年6月30日，中飞租赁机队规模达129架飞机，待交付订单共有254架新飞机，客户遍布亚太地区、中东、欧洲、北美及拉丁美洲共16个国家及地区。

中飞租赁于2014年成立国际飞机再循环有限公司，以延伸其下游全球航空生态系统。国际飞机再循环有限公司提供全面的老旧飞机解决方案，包括飞机和发动机租赁、直接交易和资产包交易、飞机购后租回、航材供应、拆解及循环再制造、保养、维修及翻修（MRO）、飞机改装等服务。国际飞机再循环有限公司的中国哈尔滨基地是亚洲首个大型飞机循环再制造基地。国际飞机再循环有限公司于2017全面收购了总部设于美国、全球领先的飞机拆解、循环方案、零部件销售、仓储、第三方物流供应商（Universal Asset Management Inc., UAM），携手创建全球飞机全生命周期解决方案平台。2018年，国际飞机再循环有限公司与FL Technics成立飞机维修合资公司FL ARI Aircraft Maintenance & Engineering Company Ltd，落户中国哈尔滨，拓展业务范围至全方位的飞机MRO服务。

2014年7月，中飞租赁在香港成功上市（股票代码01848.HK），是亚洲第一家上市的飞机租赁公司，现为MSCI中国小型股指数之成份股。

中飞租赁于2018年连续第四年被《全球运输金融》杂志评选为"年度最佳飞机租赁商"，并连续两年被Airline Economics杂志授予"亚太区年度最佳飞机租赁商"，充分体现航空业界对集团独特的行业地位及创新、全面的业务模式的高度认可。

（2）经营范围

中飞租赁及成员公司提供覆盖整个飞机生命周期的附加值服务，包括飞机租赁、采购及销售，飞机及资产包交易，飞机拆解及航材分销，飞机维护、维修及大修，航空金融。

2. **渤海租赁股份有限公司**

（1）公司概况

渤海租赁股份有限公司成立于1993年8月。渤海租赁股份有限公司是首家于中国A股上市的租赁产业集团（证券简称"渤海租赁"，证券代码：000415.SZ）。公司主营业务涵盖飞机租赁、集装箱租赁、境内融资租赁等。渤海租赁旗下拥有Avolon、Seaco、天津渤海租赁等境内外细分行业领先的租赁公司，是全球第三大飞机租赁商、第二大集装箱租赁商。

渤海租赁以成为"全球领先的租赁产业集团"为目标，以服务实体经济为使命，紧跟国家战略步伐，积极在租赁产业链上进行布局和拓展，已在飞机租赁、集装箱租赁等领域奠定了行业龙头的领先地位。截至2021年9月30日，公司总资产2482.77亿元，营业收入175.06亿元，在境外形成了以Avolon、Seaco为核心的专业化租赁产业平台，在境内形成了以天津渤海、横琴租赁为核心的租赁产业平台，在世界各地拥有30个运营中心，业务范围覆盖全球六大洲，为遍布全球80多个国家和地区的900余家客户提供飞机、集装箱、基础设施、高端设备等多样化的租赁服务。截至2021年9月末，公司自有、管理及订单飞机架数达861架；自有、管理的集装箱箱队规模达400万CEU。

（2）经营范围

① 飞机租赁。渤海租赁现为全球第三大飞机租赁业务集团，主要业务平台包括爱尔兰飞机租赁公司Avolon和天津渤海租赁。

② 集装箱租赁。渤海租赁是全球第二大集装箱租赁业务集团，集装箱分布于全球的190个港口。

③ 基础设施与不动产租赁。

④ 高端设备租赁。

3. **中航国际租赁有限公司**

（1）公司概况

中航国际租赁有限公司（简称航空工业租赁）是商务部和国家税务总局批准成立的国内首批

融资租赁试点企业之一。1993年在上海浦东新区注册成立,目前经营地在上海,并在北京、成都等地设立业务网点和办事处,现有客户遍布全国30多个省市超过400家。在国外,中航国际租赁有限公司在爱尔兰也设有业务网点和办事处。

航空工业租赁隶属于十大军工央企集团——中国航空工业集团有限公司(简称航空工业),控股方中航工业产融控股股份有限公司是国内资本市场首家直接上市的金融控股上市公司。作为具有航空工业背景的专业租赁公司,航空工业租赁自2007年重组以来,背靠强大的产业集团,以"成为国内标杆,国际一流租赁产业公司"为战略愿景,以"为民机产业提供金融支持、为非航空民品提供技术改造和产品促销的融资服务、开拓市场化业务、提高市场竞争力"为己任,努力发挥融资租赁优势,积极探索产融结合发展路径,逐步成长为融资租赁行业排名领先的优秀企业,在业内具有良好的信誉口碑,行业知名度及社会影响力与日俱增,成为国内融资租赁行业中不可忽视的力量。

(2)经营范围

主营民用飞机、机电、运输设备等资产的融资租赁及经营性租赁。

业务领域:飞机、飞机发动机等航空产品的租赁;船舶、铁路机车等运输工具的租赁;生产用设备、电力设备等的租赁;通信设备、印刷设备、医疗设备、科研设备等的租赁。

(二)具有金融产业背景的银行系航空租赁公司

1. 国银金融租赁股份有限公司

(1)公司概况

国银金融租赁股份有限公司是经原中国银行业监督管理委员会批准,由国家开发银行对原深圳金融租赁有限公司进行股权重组并增资后变更设立的非银行金融机构,成立于1984年,为中国最早和历史最悠久的金融租赁公司。2008年,国家开发银行注资控股国银金融租赁股份有限公司,其是国内注册资本和资产规模最大的金融租赁公司以及深圳市注册资本第二大的金融企业法人。公司是由国家开发银行控股,海航集团有限公司、西安飞机工业(集团)有限责任公司等8家股东共同出资组建的非银行金融机构。

作为国内最早开展航空租赁业务的公司,经过多年的开拓与创新,在飞机融资租赁,经营租赁、收购带租约的飞机资产、航材及机场设备租赁等航空租赁业务方面积累了丰富的经验,打破了外国租赁公司长期以来对中国航空租赁市场的垄断,树立了自己的航空租赁品牌。作为国家开发银行重要的租赁业务平台,公司逐步形成了以航空、船舶、商用车、轨道交通、基础设施、企业设备为主的租赁业务体系。在未来的发展中,公司将从资源、品牌、服务、管理、文化等多方面打造企业的核心竞争力,力争把公司建设成为"风险可控、资产优质、回报稳定、国内领先、世界知名"的金融租赁品牌企业。

(2)经营范围

公司经营下列本外币业务:融资租赁业务;吸收股东1年期(含)以上定期存款;接受承租人的租赁保证金;向商业银行转让应收租赁款;经批准发行金融债券;同业拆借;向金融机构借款;境外外汇借款;租赁物品残值变卖及处理业务;经济咨询;国家金融监督管理总局批准的其他业务。

2. 工银金融租赁有限公司

(1)公司概况

工银金融租赁有限公司(简称工银租赁)成立于2007年11月28日,是国务院确定试点并首家获原银监会批准开业的银行系金融租赁公司,是中国工商银行的全资子公司,注册资本110亿元。

工银租赁的成立在中国工商银行迈向国际一流信用企业,打造业务多元化、经营综合化、服务专业化的中国最大银行的道路上再次画上浓墨重彩的一笔。工银租赁定位于大型、专业化的飞机、船舶和设备租赁公司,坚持"专业化、市场化、国际化"的发展战略,依托中国工商银行的品牌、客户、网络和技术优势,建立了较为完善的金融租赁产品和服务体系。

经过6年的发展,工银租赁已成为当时国内资产规模最大、最具创新能力的金融租赁公司。截至2021年年底,工银租赁境内外总资产逾3000亿元。公司拥有并管理350多架大型飞机,已交付飞机150架;拥有船舶200余艘;拥有大型设备28000多台(套)。其市场份额、资产规模、资本回报、营业收入和利润总额等主要指标均列行业第一。

(2)经营范围

工银租赁专注于飞机、船舶,以及重点领域大型设备的租赁业务。

航空领域:工银租赁经历了从飞机售后回租人民币业务,到美元售后回租业务,再到自主批量采购飞机的经营发展历程,不断实现经营模式的突破。截至2013年12月,工银租赁拥有和管理的飞机超过360架,从飞机架数来看,工银租赁已经跻身全球航空租赁十强。

航运领域:工银租赁以大宗商品和能源海上运输船舶为主线,在开拓传统船舶租赁市场的同时,还积极支持海洋经济发展,向海洋工程领域渗透。

设备领域:工银租赁积极拓展能源电力、交通运输、工程机械等领域,创新发展了厂商租赁、中小企业租赁等业务模式。工银租赁的产品服务体系相对完善。在租赁服务方面,主要有新设备融资租赁、设备出口租赁、新设备经营租赁、厂商租赁、优化型售后回租、税务租赁、转租赁、融资型售后回租及国际合成租赁;在金融服务方面,主要有应收租金转让,租赁资产证券化及设备投资基金;在产业服务方面,主要有设备资产交易、设备资产管理及设备投资咨询等。

3. 民生金融租赁股份有限公司

(1)公司概况

民生金融租赁股份有限公司(简称民生租赁)成立于2008年4月,是经原中国银行业监督管理委员会批准设立的首批5家拥有银行背景的金融租赁企业。公司由中国民生银行股份有限公司和天津保税区投资有限公司共同发起创建,总注册资本达32亿元,中国民生银行股份有限公司出资26亿元,占注册资本的81.25%,天津保税区投资有限公司出资6亿元,占注册资本的18.75%。2011年12月14日,民生租赁圆满完成增资扩股,资本金从32亿元扩充至50.95亿元。截至2021年年底,民生租赁总资产为1894亿元,累计完成租赁业务投放起过6400亿元,盈利能力、资产规模和利润水平均位居同业前茅,目前已成为亚洲最大的公务机租赁公司和最具国际影响力的船舶租赁公司。

(2)经营范围

经国家金融监督管理总局批准,经营下列本外币业务:

① 融资租赁业务;

② 吸收股东1年期(含)以上定期存款;

③ 接受承租人的租赁保证金;

④ 向商业银行转让应收租赁款;

⑤ 经批准发行金融债券;

⑥ 同业拆借;

⑦ 向金融机构借款;

⑧ 境外外汇借款;

⑨ 租赁物品残值变卖及处理业务;

⑩ 经济咨询;

⑪ 国家金融监督管理总局批准的其他业务。

民生租赁拥有一支庞大的高端公务机机队，涵盖了世界主流公务机厂商生产的主要机型。从客户有意向购买公务机、直升机起，将为客户在飞机选购、购买谈判、选择飞机托管公司、提供飞机融资方案、财税统筹、飞机资产管理和资产处理等多个方面提供专业咨询。

四、通用航空器的维修服务

高质量维修最重要的目的就是保证飞行安全，而现代航空器的复杂性对于航空维修也提出了挑战。维修部门的任务就是提供适航的航空器，并在合理成本下尽量有求必应，并负责检查、维护及修理航空器，以确保航空器的安全运行及最大限度的可靠性。

由于通用航空器各项技术的不断发展，看似简单的维修工作都有限制因素，例如超出技术人员维修经验和水平、需要特殊工具或由于某些工序的性质让航空器长时间处于不可用的状态等。所以，在航空器全寿命周期内，所有维修都不可避免地需要寻求外部援助。目前，通用航空器的维修有外包维修和内部维修两种方式。

1. 外包维修

承包商可用两种不同的授权方式进行维修：一是授权获得航空维修技术员执照的个人；二是授权批准成立的航空维修机构或航空维修站。航空维修站的优势在于，其人员资格符合规定的最低要求，有监督措施、质量控制程序以及来自国家管理部门的监管。对某项工作而言，被授权的维修机构中的人员资历更深、经验更丰富。而且，如果该机构因擅长维修某种特定机型而被选中，应该可以提供较高水平的服务。

在外包任何工作之前，必须对所要做的工作的类型和范围有清楚的了解，包括每个单独工序的完成日期。另外，应制定一个书面协议，协议应包括工作过程中发现异常状况时，维修商应采取措施的责任及导致工作延期应负的责任。还应详细说明工作的完成情况，以判断所完成工作的类型和数量以及工作期间所用部件。最后，对所做工作和所用部件应有质量保证。

此外，在挑选维修商时，要综合考虑它们的资质、名声、工作历史和价格政策。

2. 内部维修

如前面介绍的，仅依靠内部是不可能完成所有维修工作的。无损探伤、零件修理、许多动力装置和航电设备的功能检测是大多数内部维修部门没有能力完成的。但是内部人员应可以完成大多数内部定期维修和不定期维修。

选择内部维修，就必须确定维修工作的类型和级别，若只是航线维修、低等级的或不定期维修，对人员及技术水平没有太高要求。但如果是高水平、非航线的维修任务，就必须选择技术资质与维修任务相符合的维修商。

另外，通过选择外部信息资源和咨询建议来增强内部维修能力也是可行的。制造商代表和客户服务人员经常提供广泛的服务来帮助顾客。与其他技术人员和维修站人员，特别是那些维修过类似飞机的人员保持联系，通常能为一些技术难题提供解决方案。

内部维修的最大优点在于当飞机需要维修时，可以实时监督飞机上的维修工作，可保证获得最好的部件、技术和服务。

拓展提高

1. 课程实践

感动中国的院士

2022年3月3日晚,2021年感动中国年度人物名单揭晓,两院院士顾诵芬榜上有名。他是我国第一代战机的主要设计者,是享有盛誉的中国飞机设计大师、飞机空气动力设计奠基人,是中国航空界唯一的两院院士,也是航空工业唯一的航空报国终身成就奖获得者。

1930年,顾诵芬出生于江苏苏州。儿时的他曾目睹日本飞机轰炸,立志投身航空事业报国。报考大学时,他填写的所有专业都是航空系;学成之后,他主持研制歼8系列战斗机,开创了我国自主研制歼击机的先河。为解决飞机抖振问题,他瞒着家人3次上天观察飞机。航空报国70年,他让中国人的脊梁挺得更直!

顾诵芬与飞机的缘分开始于他的少年时代。他的父亲顾廷龙是著名的国学大师,母亲潘承圭是当时为数不多的知识女性。父亲取陆机《文赋》名句"咏世德之骏烈,诵先人之清芬",为其取名"诵芬"。

因为幼时堂叔送的一个航模的启迪,加上1937年目睹日本侵略者飞机的轰炸,自此,"航空报国"的信念便在幼小的他的心里扎下了根。在报考大学时,顾诵芬毫不犹豫地选择了航空专业,并一步步成为航空领域的一代大师。

回首这一生,顾诵芬的工作经历与中国航空工业的发展轨迹完全重合。他见证了中国航空事业发展的70年,也见证了中国航空工业从无到有、从小到大,构建起现代航空产业体系的过程。然而,在接受记者采访时,顾诵芬说:"回想我这一生,谈不上什么丰功伟绩,只能说没有虚度光阴,为国家做了些事情。"

展望未来,顾诵芬对年轻人充满期待:"中国航空事业发展需要年轻人才,他们是祖国的明天。我只想对年轻人说,心中要有国家,永远把国家放在第一位,要牢牢记住历史,珍惜今天的生活。多读书,多思考,努力学习,认真做好每一件事。"

【问题思考】

顾诵芬院士为我国的航空事业做出了哪些贡献?我们能从顾诵芬院士身上学到什么?

2. 阅读思考

飞机的新能源时代已经到来

电动飞机以电能作为推进系统的全部或部分能源,是"第三航空"时代的重要标志。想象一下,这种电动飞机靠旋翼垂直起降,无需跑道,纯电设计,加之搭载自动或半自动驾驶技术,具有强适应、少噪声、低造价的特质,这无疑为城市空中出行创造了美好的前景。

可以说,电动飞机将开启航空领域新一轮创新与变革热潮,引领航空技术创新、推动绿色航空发展,并对世界航空业产生革命性的影响。当前,电动飞机正作为一条通航新赛道被资本高度聚焦。

(1)VoltAero 混合动力飞机

法国初创公司(VoltAero)推出了首架混合动力飞机,并进行了首次飞行。该原型机名为 Cassio 1,基于赛斯纳 337 Skymaster 飞机改装,配备了赛峰(Safran)公司生产的两台电动机和日产(Nissan)公司生产的推力推进器以及内燃机。

该公司计划提供 Cassio 1 飞机的三种型号:具有4个座位的纯电动版本和具有6个和9个座位的两个混合动力版本。VoltAero首席执行官兼首席技术官 Jean Botti 解释说:"当前的测试阶段是我们的6座

Cassio 版本的动力总成，随后将验证 4 座和 6 座 Cassio 版本的最终空气动力和动力总成配置。"

电动飞机的目标续航里程是 200km，而混合动力版本的目标是 200～600km 或超过 600km。该公司将私人业主、空中出租车和包机公司以及商业短途航班的运营商视为目标群体。

（2）PAL-V Liberty 商用飞行汽车

世界上第一辆商用飞行汽车 PAL-V Liberty 开始了道路准入测试，并且已经达到了空中认证的最后阶段。自 2008 年以来，PAL-V 一直在研发飞行汽车。在 2012 年，它有了第一个突破——对 PAL-V One 进行飞行和驾驶测试。从那时起，PAL-V 就迈出了重要的一步，现在，它已经建设了生产设施，并在其中生产了第一款产品 PAL-V Liberty。PAL-V Liberty 已获得"欧洲公路准入"，这是开始交付的重要里程碑。航空认证也已进入最后阶段，即合规性证明。

PAL-V 首席执行官 Robert Dingemanse 说："飞行汽车一词用于两种不同的应用。第一批飞行的汽车可以飞行和驾驶，并且像汽车一样用于在城市和城镇之间的个人机动。想象一下住在日内瓦，从车库开着飞车去夏纳（法国南部）约会。开车 10 分钟到最近的（草）飞机跑道，起飞然后前往夏纳。2 小时后，您降落在夏纳附近，然后在几分钟内将飞机转换回汽车模式。再开车 10 分钟，您便会到达城市。通常需要 5.5 个小时的旅程现在只需 2.5 个小时。最重要的是，您可以欣赏阿尔卑斯山、法国乡村和鸟瞰自由的美景，梦想实现。"

（3）电动无人驾驶飞机 Ehang 216（eVTOL）

中国制造商广州亿航智能技术有限公司（简称亿航）已从挪威获得两人座电动无人驾驶飞机 Ehang 216（eVTOL）的经营许可证。根据亿航的说法，这是该型号飞机在欧洲首次获得进行试飞的运营许可。此外，亿航还与西班牙塞维利亚市签署了一项合作协议，以开展城市空中交通（包括客运）的试点项目。作为西班牙城市空中交通发展的先行者，塞维利亚在 2017 年加入欧盟委员会旗下"欧洲智慧城市和社区创新伙伴关系"项目发起的城市空中交通倡议（UAM Initiative），该项目旨在推动城市立体交通变革。

具体来说，亿航将通过该项目收集有关模型飞行行为的实时数据。216 是带有 16 个电动机和螺旋桨的两人座飞机，空载重量为 360kg，有效载荷为 260kg，航程为 35km，最高时速为 130km。

第三章

品牌与创新：通用航空器制造商

 教学目标

 知识目标

了解国外通用飞机主要制造商；
了解国外直升机主要制造商；
认识中国国有的通用航空器制造商；
认识中国民营的通用航空器制造商。

 能力目标

能说出国外通用飞机主要制造商的品牌机型；
能说出国外直升机主要制造商的品牌机型；
能说出国内通用航空器主要制造商的品牌机型。

 素质目标

了解中国通用航空制造企业从引进模仿到自主研发的崛起历程，培养"时不我待、更高更强"的新时代责任担当。

第三章　品牌与创新：通用航空器制造商

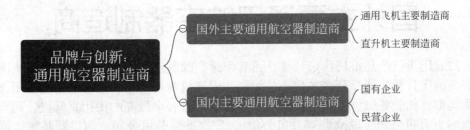

案例导入

湖南山河科技股份有限公司

湖南山河科技股份有限公司是山河智能装备股份有限公司的子公司，专业从事通用航空领域载人轻型飞机和无人驾驶飞机的研发、制造、销售以及通航运营，在载人轻型飞机和无人机领域开发了多款填补国内空白的产品。公司已取得30多项专利成果，承担了多项省部级科技创新项目，获得首届"中国优秀工业设计奖金奖""中国专利优秀奖"等荣誉。

2011年，公司开发的全复合材料结构轻型运动飞机"山河阿若拉"，成为首个获得中国民航局适航认证的民族自主品牌轻型运动飞机，迄今拥有国内最大的市场占有率。在无人机领域，开发了山河"飞玥""云翼""雷霆"及无人阿若拉等系列产品，已批量应用于物资输送、应急救援、遥感遥测等领域。公司拥有中国民航主管部门（CAAC）颁发的轻型运动飞机型号证、生产许可证，拥有147部机型培训资质以及民用无人机系统驾驶员培训资质，是运动航空器维修资质考试点、运动类驾驶员执照考试点，是国内少有的拥有上述全部民航行业资质的高新技术民营企业。经过十多年的行业积累和沉淀，公司形成了具有核心竞争力的研发、制造、通航运营体系。

未来公司将依托集团公司和自身的研发、制造实力，与国内外有实力的高校及科研院所开展广泛的产学研合作，在4～6座轻型飞机、先进无人机、小型喷气公务机等领域开发出世界先进水平的新产品，打造世界一流的通用飞机研制和运营基地，为民族自主通航产业的发展做出更大贡献。

【问题思考】

根据上述材料，总结梳理湖南山河科技股份有限公司近年来在通用航空制造领域取得了哪些成绩？国内还有哪些成长中的通用航空制造企业？

从世界航空业历史的发展来看，欧美国家起步较早，在航空器研发和制造领域一直居于世界的前列，由此形成了世界主流的通用航空器制造商主要集中在欧美国家的局面。近年来，随着经济形势发展，许多航空器制造商由于经营等各种原因，掀起了并购的浪潮，形成了一些特大型的通用航空器制造集团，这些集团通过并购等方式，拥有了多家公司和多种成熟的飞机品牌。本章主要介绍国内外通用航空器的主要制造厂商，国外部分包括通用飞机的主要制造商和直升机的主要制造商，国内部分包括国有企业和民营企业，在此基础上，全面梳理世界主流通用航空器制造商的品牌变迁及我国通用航空制造企业的成长发展。

第一节
国外主要通用航空器制造商

目前，按通用飞机产品市场价值计算，占有率最高的制造商分别为庞巴迪宇航集团、湾流宇航公司、赛斯纳飞行器公司、豪客·比奇公司和达索飞机制造公司，这些公司的通用飞机产品一般包含多种类型，如公务机、多用途飞机等。全球市场占有率最高的民用直升机公司有贝尔直升机公司、空客直升机公司（原欧洲直升机公司）、罗宾逊直升机公司、西科斯基飞行器公司和阿古斯塔·韦斯特兰公司等。

一、通用飞机主要制造商

（一）公务机主要制造厂商

喷气式公务机制造商主要有豪客·比奇公司、湾流宇航公司、赛斯纳飞行器公司、巴西航空工业公司、庞巴迪宇航集团和达索飞机制造公司等。近年来，传统的大型民航机制造商波音公司、空客公司也开始以它们的民航机为基础改造大型公务机，进入公务机制造领域。

1. 庞巴迪宇航集团

（1）公司概况

庞巴迪宇航集团是庞巴迪公司的子公司，以员工人数计，它是世界上第三大的飞机制造商（仅次于波音公司及空客公司）。以年度交付运量计，它是全球第四大商业飞机制造商（仅次于波音公司、空客公司及巴西航空工业公司）。

庞巴迪宇航集团创立于1986年，其前身是加拿大历史上亏损最严重的加空公司（Canadair），被庞巴迪公司收购后改名为庞巴迪宇航集团。公司重组后经营状况大为好转，并开始考虑兼并其他航空制造企业。1989年，庞巴迪宇航集团收购了接近破产的肖特兄弟飞机公司。1990年，庞巴迪宇航集团又收购了里尔喷气公司，并且将里尔系列公务机纳入庞巴迪的产品系列。1992年庞巴迪宇航集团再次出手，收购了也处于亏损状态，当时属于波音公司子公司的加拿大德·哈维兰飞机公司。庞巴迪宇航集团的多次成功收购，使其母公司庞巴迪公司成为兼并其他公司并扭亏为盈的传奇式企业。

目前，庞巴迪宇航集团共拥有4家飞机制造企业，即位于加拿大魁北克省蒙特利尔的加空公司、位于加拿大安大略省唐思维尤镇的加拿大德·哈维兰公司、位于美国亚利桑那州图盖的盖茨·里尔喷气公司及位于北爱尔兰贝尔法斯特的肖特兄弟飞机公司。

蒙特利尔之前是加空公司的所在地，主要负责CRJ、"挑战者"604和CL-415的总装；德·哈维兰飞机公司主要负责冲8系列和"环球快车"的总装；盖茨·里尔喷气公司负责里尔系列飞机的总装，此外，庞巴迪的所有飞机都在亚利桑那州的庞巴迪飞行中心进行试飞；肖特兄弟飞机公司负责庞巴迪飞机的部件制造，如里尔45的机身、"环球快车"的前机身等。

经过近30多年的发展，庞巴迪宇航集团已经成为世界第一大支线飞机制造商、世界第三大民用飞机生产商，是在三个不同国家具有完备的研发、设计、制造、销售飞机能力的生产商，市场营销和生产管理都具有相当的灵活性。

（2）产品型号

里尔40XR：喷气式轻型公务机，仍在生产。

里尔60XR：喷气式中型公务机，暂停生产。

里尔70/75：喷气式轻型公务机，仍在生产。

里尔85：喷气式超中型公务机，仍在生产。

挑战者300系列：喷气式超中型公务机，仍在生产。

挑战者600系列：挑战者300系列发展型，喷气式大型公务机，仍在生产。

挑战者800系列：挑战者300系列发展型，喷气式大型公务机，暂停生产。

环球快车系列：包括环球5000、环球6000、环球7000、环球8000等系列，喷气式远程型公务机，仍在生产。

2. 巴西航空工业公司

（1）公司概况

巴西航空工业公司成立于1969年，业务范围主要包括商用飞机、公务飞机和军用飞机的设计制造，以及航空服务。现为全球最大的120座以下商用喷气式飞机制造商，占世界支线飞机约45%市场份额。该公司现已跻身于世界四大民用飞机制造商之列，成为世界支线喷气式客机的最大生产商。

M3-1 巴西航空工业公司介绍

巴西航空工业公司总部位于巴西圣保罗州的圣若泽杜斯坎普斯，同时在中国、法国、葡萄牙、新加坡和美国等国家设有办事机构、工业生产运作和客户服务中心。截至2014年，公司已向全球45个国家和地区交付约6000架各类飞机。

2000年，公司进入公务航空市场，是世界上唯一一家提供从超轻型到超大型全系列产品的公务机制造商，产品包括飞鸿100、飞鸿300、莱格赛450、莱格赛500、莱格赛600、莱格赛650和"世袭"1000喷气式公务机。此外，巴西航空工业公司还提供全方位的飞机售后服务一揽子方案，包括航材备件、飞机维护、技术支持及培训服务等。

2000年5月，巴西航空工业公司进入中国，在北京设立代表处，负责内地、香港和澳门的市场推广、销售、客户支援和服务等业务。经过20多年的发展，公司业已赢得包括四川航空股份有限公司、中国南方航空集团有限公司、中国东方航空集团有限公司、天津航空有限责任公司及河南航空有限公司在内的多家重要客户，以及一些公务机客户。公司占中国120座以下商用喷气式飞机超过60%的市场份额。

2002年12月2日，航空工业哈尔滨飞机工业集团有限责任公司（简称航空工业哈飞）与巴西航空工业公司签署成立合资公司哈尔滨安博威飞机工业有限公司的协议，制造ERJ145飞机。这是巴西航空工业公司在巴西以外的国家或地区建立的首个支线喷气飞机组装公司。截至2012年4月，哈尔滨安博威飞机工业有限公司已经向中国国内各航空公司交付了41架ERJ145飞机，使得越来越多的中国旅客受益于支线航空服务。2010年7月，巴西航空工业公司成立其在中国的全资子公司——巴航（中国）飞机技术服务有限公司，营业范围涵盖飞机技术咨询服务、飞机操作技术咨询、航材管理服务和飞机零部件批发等，增强了客户支持能力，进一步满足既有及潜在客户的需求，同时也表明了巴西航空工业公司对高速发展的中国航空市场的长期承诺。

2012年6月21日，中国和巴西合作双方达成共识，利用哈尔滨安博威飞机工业有限公司的基础设施、财务及人力资源进行莱格赛600/650喷气公务机的生产。2013年9月，首架在我国组装的莱格赛650大型喷气公务机在哈尔滨成功首飞。

（2）产品型号

飞鸿100：超轻型喷气式公务机，仍在生产。

飞鸿300：轻型喷气式公务机，仍在生产。

莱格赛450/500：轻中型/中型喷气式公务机，仍在生产。

莱格赛600/650：超中型喷气式公务机，仍在生产。
世袭1000：远程型喷气式公务机，仍在生产。
EMB-121"兴古"：双发螺旋桨通用飞机，最高载客量9人，生产时间是1977～1987年。
EMB-203"伊帕内玛"：小型单座农林飞机，仍在生产。

3. 湾流宇航公司

（1）公司概况

湾流宇航公司是目前世界上生产豪华大型公务机的著名厂商，总部位于美国佐治亚州，其母公司是通用动力公司。湾流宇航公司从1957年开始研发生产喷气式公务机，经过不断发展，现已成为世界上生产豪华大型公务机的领先制造商。

湾流的名称是由格鲁曼飞机公司于1958年生产的"湾流"Ⅰ飞机而来，之后格鲁门飞机公司又推出了喷气式的"湾流"Ⅱ公务机。在此基础上，经历了数次的分割及重组，终于在1999年由通用动力公司收购了"湾流"系列飞机的生产线，正式成立专门生产喷气式公务机的湾流宇航公司。2001年6月，通用动力公司控股银河宇航公司后，将该公司的"银河"/"阿斯特拉"公务机加入湾流系列并重新命名为"湾流"100/200，加大"湾流"公务机的规模。目前湾流宇航公司生产的飞机已广泛应用于民用、商业、政府机构、军事等领域。美国《财富》杂志500家最大企业中有超过1/4的公司使用"湾流"公务机。

"湾流"公务机以高度可靠性享誉全球，公司研发的增强视景系统（EVS）可让驾驶员即使在有限的能见度下也能够清楚地看清跑道，配有EVS的"湾流"公务机革命性地突破了世界上各种机型的大多数安全标准。"湾流"公务机拥有宽敞明亮的豪华座舱，飞行中机舱内可确保新鲜的空气和最佳的照明，堪称现代化的高科技与舒适氛围的完美结合。"湾流"公务机系列机型有G150、G200、G250、G350、G400、G450、G500、G550、G650、G700、G800等，其中，2021年新推出的两款机型是G800（湾流宇航历史上航程最长的飞机）和G400（十多年来第一款大客舱的新飞机）。

（2）产品型号

【已停产型号】

"湾流"Ⅰ：双发涡桨式公务机/客机，首飞于1958年。
"湾流"Ⅱ：双发喷气式公务机，首飞于1966年。
"湾流"Ⅲ："湾流"Ⅱ改进型，生产时间是1979～1986年。
"湾流"Ⅳ："湾流"Ⅲ改进型，该型号的最新改型"湾流"G350/450仍在生产。
"湾流"Ⅴ："湾流"Ⅳ改进型，该型号的最新改型"湾流"G500/550仍在生产。
"湾流"G100：双发喷气式公务机，由以色列"阿斯特拉"公务机变更编号而来。
"湾流"G200：双发喷气式公务机，由以色列"银河"公务机变更编号而来，2011年停产。
"湾流"G300：采用"G"系列编号，重新命名的"湾流"Ⅳ。

【目前在产型号】

"湾流"G150：中型双发喷气式公务机，它是基于"阿斯特拉"SPX的最新型号。
"湾流"G250：超中型双发喷气式公务机，它是"湾流"G200系列中的最新型号。
"湾流"G350/G450：大型/远程型双发喷气式公务机，G450是"湾流"G400系列中的最新型号。
"湾流"G500/G550：远程型双发喷气式公务机，它是"湾流"Ⅴ系列中的最新型号。
"湾流"G650：新型大客舱超远程型喷气式公务机。
"湾流"G700：旗舰型超远程喷气式公务机。
"湾流"G400：新型超大客舱远程型双发喷气式公务机，2021年重新改款。

"湾流"G800：新型快速超远程型喷气式公务机。

4. 达索飞机制造公司
（1）公司概况

达索飞机制造公司是法国第二大飞机制造公司，世界上主要军用飞机制造商之一，具有独立研制军用和民用飞机的能力。1947年马塞尔·达索飞机制造公司（Avions Marcel Dassault）成立。1967年，马塞尔·达索飞机制造公司与布雷盖飞机制造公司合并，成立马塞尔·达索-布雷盖飞机制造公司（Avions Marcel Dassault-Breguet Aviation）。1990年，公司正式更名为达索飞机制造公司。

达索飞机制造公司多年来主要以军用飞机为经营重点，进入20世纪90年代以后才开始在高级公务机领域发展，其主力产品为"猎鹰"系列公务机。

达索飞机制造公司总部设在巴黎，在圣克卢、韦利济、拉尼亚克、阿让特伊等十几个地方设有工厂或试验中心。达索猎鹰公务机公司（Dassault Falcon Jet Corp.）是达索飞机制造公司的子公司，由达索集团100%控股，负责"猎鹰"系列公务机的全球销售与技术支持。而"猎鹰"系列公务机的生产制造由达索飞机制造公司负责。

（2）产品型号

"猎鹰"10：双发喷气式公务机，原称"神秘"10，生产时间是1970～1989年。

"猎鹰"20：双发喷气式公务机，原称"神秘"20，生产时间是1963～1988年。

"猎鹰"50：三发中型公务机，"猎鹰"20改型，生产时间是1976～2008年。

"猎鹰"900：三发远程型公务机，"猎鹰"50改型，仍在生产。

"猎鹰"2000：三发大型公务机，"猎鹰"900改型，仍在生产。

"猎鹰"5X：双发远程型公务机，2015年6月生产下线。

"猎鹰"7X：三发远程型公务机，"猎鹰"900改型，仍在生产。

"猎鹰"8X：大尺寸三发远程型公务机，"猎鹰"7X改型，2016年10月交付首架。

5. 豪客·比奇公司
（1）公司概况

豪客·比奇公司是世界上领先的公务及特殊任务飞机制造商，为全球企业、政府和个人打造高品质飞机并提供支持服务。其前身为1932年成立的比奇飞机公司。1980年2月8日，雷神公司收购了比奇飞机公司，比奇飞机公司成为雷神公司的子公司。1993年8月，雷神集团又从英国宇航公司并购了原属霍克·西德利飞机公司的豪客（当时译作霍克）公务机系统，成为雷神喷气式公务机分部。1994年9月中旬，比奇飞机公司和雷神喷气式公务机分部合并组成雷神飞机公司。2007年3月26日，雷神飞机公司被高盛资本合伙人基金和Onex Partners投资基金收购，更名为豪客·比奇公司，从此重新开启了两大历史悠久的飞机品牌的新篇章。2014年3月，豪客·比奇公司与赛斯纳飞行器公司归入新组建的德事隆航空公司，豪客·比奇成为德事隆航空公司旗下的产品品牌。豪客·比奇公司总部及主要工厂设在美国堪萨斯州威奇托市，同时在美国堪萨斯州萨利纳、美国阿肯色州小石城和英国奇斯特均有分支机构。

（2）产品型号

豪客·比奇公司的产品系列包括从单发、双发活塞式飞机，涡桨式飞机到轻型、中型喷气式飞机共十多个机种。

比奇"男爵"：双发活塞式通用飞机，从1961年投产一直生产至今。

比奇"富豪"：6座单发通用飞机，以V形尾翼而闻名，后期型部分尾翼改为常规形式，该机从1947年投产以来，经过不断改型，一直生产至今。

比奇"空中国王"90/100：7座客舱双发涡桨式通用飞机，自1964年投产以来生产数量超过3100架。

比奇"空中国王"200/300：13座客舱双发涡桨式通用飞机，1972年投产，至今仍在生产。

比奇1900：19座客舱双发涡桨式通用飞机，生产时间是1982～2002年。

比奇"首相"Ⅰ：轻型喷气式公务机，生产时间是1998～2013年。

比奇"德纳里"：5座单发涡桨飞机，预计2023年认证投产。

豪客400XP：以收购版权的三菱MU-300为基础的轻型公务机豪客400系列的新改型。

豪客850XP/900XP/1000：以原英国宇航公司生产的BAe125（DH.125）为基础的中型公务机豪客800系列的不同改型。

豪客4000：2001年由当时的雷神飞机公司研发的一种超中型公务机，又称豪客"地平线"。

6．比亚乔航空工业公司

（1）公司概况

比亚乔航空工业公司是世界上唯一一家活跃在飞机设计、制造、维护及维修全产业链的公司。比亚乔航空工业公司还生产、维护及维修航空发动机。该公司生产飞机的最大特点是多采用推进式螺旋桨设计。其前身里纳尔多·比亚乔公司（Rinaldo Piaggio SPA）是世界上最老的飞机制造商之一。1966年，该公司被分成两个独立的实体，一家制造小型摩托车，另一家主营航空制造，两家公司同时使用比亚乔品牌的名字。1998年，里纳尔多·比亚乔公司的资产被法拉利家族和狄玛瑟企业家集团接手，改组成为比亚乔航空工业公司。此次收购重组才使得比亚乔航空工业公司回到公务机设计与制造的本业上来。现在的比亚乔航空工业公司在意大利热那亚、菲纳莱利古雷及那不勒斯都设有工厂，设在美国佛罗里达州西棕榈滩的比亚乔公司分公司——美国比亚乔公司，负责公司在整个美洲的业务。

（2）产品型号

比亚乔P.136"皇家海鸥"：1949年投产的水上飞机，采用海鸥式机翼和推进式螺旋桨设计。

比亚乔P.149：1953年制造的4～5座多用途/联络或双座教练型飞机，德国生产的被称为FWP-149D。

比亚乔P.166"信天翁"：1957年制造的双发涡桨推进式通用飞机。

比亚乔P.180"前进"：1990年投产的一种三翼面双发涡桨推进式公务机，拥有十分个性的设计，目前仍在生产。

比亚乔P.180"前进"EVO：比亚乔P.180"前进"的第三代，2016年生产交付。

（二）多用途飞机主要制造厂商

1．皮拉图斯飞机制造有限公司

（1）公司概况

皮拉图斯飞机制造有限公司（简称皮拉图斯飞机公司）是一家成立于1939年的瑞士飞机制造企业，公司总部位于瑞士施坦斯。该公司以生产单发涡桨式飞机为主，进入20世纪，该公司开始涉足喷气式公务机领域，其研发、制造的飞机及训练系统行销世界各地。皮拉图斯飞机公司有3个独立的子公司，分布在美国科罗拉多州布鲁姆菲尔德、澳大利亚阿德莱德和瑞士阿尔滕莱茵。皮拉图斯飞机公司拥有超过40个世界各地的销售和服务中心，有助于提供一流的客户服务。

2012年5月，经过多轮磋商谈判，重庆两江新区与瑞士皮拉图斯飞机公司合作签约。2012年12月18日，皮拉图斯飞机工业（中国）有限公司成立，皮拉图斯飞机公司将以中外合资公司的模式在两江新区投资建设通用飞机生产、总装及维修公司，并将PC-6生产线由瑞士全部迁至重庆，这意味着两江新区将成为PC-6全球唯一的生产基地，同时，皮拉图斯飞机公司也将其面向亚太地区的PC-12生产线迁至重庆。

（2）产品型号

PC-6"搬运工"：1959年首飞的多用途通用飞机，以突出的短距起降性能而著称，2019年该机型停产。

PC-7：串列双座涡桨式教练机，在多国军队及民航机构服役。

PC-9：PC-7的改进型，加大了发动机功率，也服役于多个国家。

PC-12：单发涡桨式公务机/运输机，是一种非常受欢迎的飞机，1994年开始交付，至今已经生产了1500余架，目前仍在生产。

PC-21：2002年首飞的先进串列双座涡桨式教练机。

PC-24：双发喷气式公务机，皮拉图斯飞机公司进入公务机领域首架机型，2014年预售，2018年首架交付。

2. 加拿大德·哈维兰飞机公司

（1）公司概况

德·哈维兰是英国著名飞机设计师、飞行家和制造家。第一次世界大战期间，他是飞机制造公司的总设计师和试飞员，1920年组建德·哈维兰飞机公司，并生产了著名的"虎蛾"式轻型双座飞机，此后公司得到发展，并在英国开展飞行俱乐部运动。第二次世界大战期间，公司生产多种高速飞机，其中最著名的是"蚊"式双发轰炸/侦察机。第二次世界大战结束后，公司制造"彗星"喷气式客机和"吸血鬼"喷气式战斗机。1927年，德·哈维兰在澳大利亚成立了澳大利亚德·哈维兰公司（de Havilland Aircraft Pty. Ltd），该公司后来被波音公司澳大利亚分公司收购。德·哈维兰于1928年在加拿大成立了加拿大德·哈维兰飞机公司（简称DHC）。

加拿大德·哈维兰飞机公司主要生产"虎蛾"教练机，用于加拿大驾驶员的训练。战争结束后，加拿大德·哈维兰飞机公司就开始自行设计适合于加拿大的气候环境的新型号飞机，并继续生产几种英国德·哈维兰飞机公司的型号。1962年加拿大阿芙罗飞机公司的生产设备转移到加拿大德·哈维兰飞机公司，两家公司合并。1992年，庞巴迪集团收购了加拿大德·哈维兰飞机公司，加拿大德·哈维兰飞机公司成为庞巴迪宇航集团的一部分。2005年5月，庞巴迪宇航集团又将自己已经收购，却又不再生产的原加拿大德·哈维兰飞机公司飞机型号（DHC-1至DHC-7）的所有权出售给加拿大的维京航空公司。维京航空公司重新恢复了加拿大德·哈维兰飞机公司，继续以加拿大德·哈维兰公司的名义生产DHC系列飞机。

（2）产品型号

DHC-1"金花鼠"：单发串列双座初级教练机，生产时间是1947～1956年。

DHC-2"海狸"：单发螺旋桨上单翼短距起降多用途飞机，生产时间是1947～1967年。

DHC-3"水獭"：单发螺旋桨上单翼短距起降多用途飞机，它比DHC-2"海狸"大。

DHC-4"驯鹿"：1961年投产的双发活塞式短距起降支线货机，现已停产。

DHC-5"水牛"：DHC-4"驯鹿"的涡桨发动机改型，生产时间是1965～1974年。

DHC-6"双水獭"：19座级双发涡桨式上单翼短距起降多用途飞机，现仍在生产。

DHC-7"冲锋"7：四发涡桨式短距起降支线客机。

DHC-8"冲锋"8：双发涡桨式36座支线客机。

3. 空中拖拉机公司

（1）公司概况

空中拖拉机公司是一家美国飞机制造商，以生产农林飞机为主，总部位于得克萨斯州奥尔尼。创始人利兰·斯诺（著名的"画眉鸟"农林飞机的设计者）于1978年成立该公司，生产在"画眉鸟"飞机基础上衍生的新型农林飞机——AT-300"空中拖拉机"，该机于1973年首飞，到

2004年，已经交付了2000余架"空中拖拉机"系列飞机。从2011年至今，空中拖拉机公司始终如一地提供更多涡轮螺旋桨动力固定翼通用飞机。

（2）产品型号

AT-300单发单座：下单翼专用农林飞机，1973年首飞，装普·惠公司生产的R-985活塞发动机，现已停产。

AT-301：AT-300系列主力机型，装普·惠公司生产的R-1340活塞发动机，现已停产。

AT-302：涡桨改型，装莱康明公司生产的LTP101涡桨发动机，现已停产。

AT-400：AT-300系列发展型，装PT6A-15AG涡桨发动机，于1979年首飞，现已停产。

AT-401：加大翼展改型，现已停产。

AT-402：AT-401的涡桨发动机改型，AT-402B目前还在生产。

AT-501：AT-400的加大型，机长、翼展更大，增加为2个座椅。装星形活塞发动机，1986年首飞，现已停产。

AT-502：AT-501单座型，装普·惠加拿大公司生产的PT6A涡轮轴发动机，AT-502B目前还在生产。

AT-503：AT-501的涡桨发动机改型，现已停产。

AT-503A：AT-503的双座教练型，有双操纵系统，使用AT-401小翼展机翼，现已停产。

AT-504：双座教练型，目前还在生产。

AT-602：AT-503的发展型，具有较大料斗和更大的翼展，装PT6A-60AG涡桨发动机，1995年首飞，目前还在生产。

AT-802：AT-503的最新发展型，料斗和翼展是"空中拖拉机"系列中最大的，1990年首飞，有农林飞机和森林防火两种不同用途的型号，目前还在生产。

（三）小型飞机主要制造厂商

由于小型飞机制造门槛相对较低，该市场中参与竞争的公司和机型也很多，大型公司如赛斯纳飞行器公司、派珀飞机公司、皮拉图斯飞机公司长期从事这一领域，后来涌现出了一批新的生产商，如西锐飞机公司（航空工业收购）、钻石飞机工业公司（万丰通航收购）、兰斯公司、佳宝公司等。

1. 赛斯纳飞行器公司

（1）公司概况

M3-2 塞斯纳飞行器公司

赛斯纳飞行器公司（Cessna）成立于1927年，是世界上设计与制造轻中型商务飞机、涡轮螺旋桨飞机，以及单发活塞发动机飞机的主要厂商。赛斯纳飞行器公司以制造小型通用飞机为主，其产品线从小型双座单引擎飞机到商用喷气机。公司总部位于美国堪萨斯州威奇塔。

赛斯纳飞行器公司历史悠久，创始人克莱德·赛斯纳1911年制造并成功试飞了他的第一架飞机，只比首创人类飞向天空的莱特兄弟晚7年。1927年赛斯纳飞行器公司正式建厂开始批量生产轻型飞机。1970年产品重点转向奖状系列中档喷气公务飞机。多年来，赛斯纳飞行器公司交付各型飞机19万多架，包括16万多架单发活塞轻型飞机、24000多架双发飞机、2000多架军用喷气教练飞机、3600多架奖状系列喷气公务飞机和1300多架凯旋号单发涡桨飞机。全球每时每刻在天空飞行的公务机中很大比例出自赛斯纳飞行器公司。

（2）产品型号

Citation：奖状系列双发喷气公务机，因"性价比"高，深受用户欢迎，占据全部公务机市场

（以数量计算）50%以上份额，在中轻型公务机市场方面则占据75%以上。如C510"奖状野马"、C525"奖状喷气"、C550/551"奖状Ⅱ"、C560XL"奖状优胜"、C680"奖状君主"等。

Caravan：凯旋（原称大篷车）系列单发涡桨多用途飞机，航空界高性能、低成本轻型飞机的杰作，如C208"大篷车"。

S.E.P：单发活塞系列轻型飞机，传统拳头产品，普及型飞机。主要型号为C162、C172、C182、C206、C350、C400。其中，赛斯纳C400现已成为世界上公认的飞行速度最快的螺旋桨单发四座飞机，其最大速度可以达到435km/h。而赛斯纳C172更是成为赛斯纳飞行器公司的经典机型，全球销售量超过43000架。

2. 西锐飞机设计制造公司

（1）公司概况

西锐飞机设计制造公司（简称西锐飞机公司）始创于1984年，是小型飞机的全球领先制造商，总部位于美国明尼苏达州德鲁斯市。西锐飞机公司产品销售到58个国家，已累计交付用户5000多架。

西锐飞机公司在1984年成立之初的名称为西锐设计公司（Cirrus Design Corporation），只是一家设计生产"拼装式飞机"VK-30零部件的企业。这款反传统模式的由购买者自行组装的飞机毫不起眼，几乎没有什么影响力，市场情况当然也很不理想。总结这次失败的经验教训，西锐飞机公司决定调整方向，开始设计和生产传统意义上的飞机。1994年，西锐飞机公司设计开发了SR20——一种4座、单发、复合材料的飞机，并靠此机一炮打响，大获成功。除了民用飞机，西锐飞机公司还为美国国防部的战术无人飞行器（TUAV）生产复合材料的机身、机翼和机尾。

2011年，中国航空工业集团有限公司下属的中航通用飞机有限责任公司与美国西锐飞机公司股东签订协议，以公司合并的形式，收购美国西锐飞机公司100%的股权。这是中国航空工业集团有限公司首次并购欧美发达国家飞机整机制造企业。这次并购使得西锐飞机公司成为一家名副其实的中资企业，而且还是航空工业下属的子公司。

（2）产品型号

VK-30：西锐飞机公司开发的首款拼装式飞机，由购买者自行拼装成整机。

SR20：全新的现代化高性能4座轻型飞机，采用全复合材料机身，先进的航电设备，装有弹道回收系统（BRS）降落伞，紧急情况下可将整架飞机安全降落。

SR22：SR20放大型，加大尺寸和发动机功率，由4座增加到5座。

SF50"愿景"：最新型的超轻型公务机，是一种7座、单发、下单翼的超轻型喷气式飞机。该机首飞于2014年3月24日，取得500多架订单。

3. 钻石飞机公司

（1）公司概况

钻石飞机公司是一家全球性的飞机制造商，创立于1981年，是一家集设计、制造、研发、销售等专业平台于一体的专业飞机制造商，是世界上通用活塞式飞机制造的领先者。主要产品有DA20、DA42、DA50、DA62等型号飞机产品，同时拥有E4与AE50R两个系列的发动机。

2005年，奥地利钻石飞机公司和中国政府合作成立了山东滨奥飞机制造有限公司，进行钻石飞机的组装生产。2013年12月，奥地利钻石飞机公司与中国电子科技集团有限公司合作，在安徽芜湖成立中电科芜湖钻石飞机制造有限公司。2017年12月，中国浙江万丰奥特控股集团旗下万丰航空工业有限公司收购了奥地利钻石飞机公司和发动机公司，并在浙江绍兴市新昌县设立生产研发基地。

钻石飞机公司生产的飞机具有操作简单、飞行安全和经济适用等诸多优点，其研制开发的碳纤维合成材料，使得机身更加坚固、轻盈，几乎不需要什么维护，有很强的耐腐蚀性。飞机的空气动力性能表现也很优异。

（2）产品型号

DA20：单发双座固定前三点式起落架小型飞机，仍在生产。

DA36"E星"/HK36"超级迪莫纳"：下单翼T形尾翼双座动力滑翔机，已停产。

DA40"钻石星"：在DA20基础上发展的单发4座小型飞机，仍在生产。

DA42"双星"：双发4座小型飞机，仍在生产。

DA50"超级星"/"玛格南"：单发5座轻型飞机，2021年生产下线。

DA62：双发5座/7座轻型飞机，2012年3月首次发布，2018年生产下线。

D-JET：单发5座喷气式私人飞机/公务机，2008年首飞。

4. 派珀飞机公司

（1）公司概况

美国派珀飞机公司是全球知名的通用飞机制造商和第四大活塞发动机制造企业，多年来共设计制造了160多种型号、超过144000架通用飞机。派珀飞机公司曾和豪客·比奇公司、赛斯纳飞行器公司一起被称为通用飞机制造领域的"三巨头"。2009年，派珀飞机公司被文莱投资公司Imprimis收购。

（2）产品型号

PA-23"阿帕奇"/PA-27"阿兹特克"：1954年投入使用的4～6座双发通用飞机，1981年停产。

PA-24"科曼奇"：4座单发通用飞机，生产时间是1957～1972年。

PA-25"波尼"：单发专业农林飞机，生产时间是1959～1981年。

PA-28"切诺基"：2/4座单发通用飞机，1960年投产，至今还在生产。

PA-30"双科曼奇"：PA-24的双发改进型。

PA-31"纳瓦霍"：8座双发通用飞机，生产时间是1967～1984年。

PA-32"切诺基"：6座单发通用飞机，PA-28的发展型。

PA-34"塞内卡"：6座双发通用飞机，PA-32R的双发改型。

PA-36"波尼勇敢"：单发专业农林飞机，生产时间是1973～1981年。

PA-38"战斧"：双座轻型私人飞机/教练机，生产时间是1978～1982年。

PA-42"夏延"：10座双发涡桨式通用飞机，PA-31T的发展型。

PA-44"西门诺尔"：4座双发通用飞机，PA-28R的双发改型。

PA-46"马里布"：6座单发通用飞机，采用增压客舱。

PA-60"航空星"：原属泰德·史密斯飞机公司生产的产品，被派珀飞机公司收购。

"运动巡洋舰"：派珀飞机公司销售的双座轻型运动飞机，由捷克运动飞机公司生产。

二、直升机主要制造商

直升机作为20世纪航空技术极具特色的创造之一，极大地拓展了飞行器的应用范围。自1939年伊戈尔·西科斯基制造出世界上第一架直升机——VS-300直升机，直升机至今已经历四代发展，也诞生了许多业界著名的直升机制造商。

1. 贝尔直升机公司

（1）公司概况

贝尔直升机公司全称是贝尔直升机德事隆公司（Bell Helicopter Textron），是一家美国直升机和倾转旋翼机制造商，现为德事隆集团的子公司。贝尔直升机公司的总部设在美国得克萨斯州的沃思堡，并且在美国达拉斯和沃思堡地区、加拿大魁北克的米拉贝勒，以及美国得克萨斯州的阿马里洛都设有生产厂。除在美国以外，公司还在欧洲、加拿大和新加坡等国家和地区设有主要的物流供应与服务中心。

贝尔直升机公司前身为贝尔飞机公司，于1935年7月10日由劳伦斯·贝尔成立。贝尔飞机公司在第二次世界大战期间主要制造战斗机，1941年开始研发直升机，1943年首款试验直升机贝尔30首飞成功。1960年贝尔飞机公司被德事隆公司收购，并改名为贝尔直升机德事隆公司，主营业务是研发、制造直升机。贝尔直升机公司是世界上主要的直升机和倾转旋翼机制造商之一，其民用产品包括贝尔2XX（双桨叶旋翼）系列和贝尔4XX（4桨叶旋翼）系列直升机。目前，贝尔直升机公司民用产品的生产主要在加拿大贝尔直升机公司进行，美国本土的贝尔直升机公司主营军用产品。

（2）产品型号

贝尔47：贝尔飞机公司1945年首飞的第一种生产型直升机，生产总数达5600多架，生产时间是1946～1974年。

贝尔204/205：UH-1B/H直升机的民用型，从1956年开始生产，直到20世纪80年代才停产。

贝尔208"喷气突击队员"：贝尔直升机公司开发的一种单发（或双发）多用途小型直升机，生产时间是1962～2010年，总产量7300余架。

贝尔212：在贝尔204/205系列基础上研发的一种安装双联装发动机的机型，安装了1台PT6T"双派克"发动机，生产时间是1968～1998年。

贝尔214：UH-1系列直升机衍生的民用中型运输直升机，装1台莱康明公司生产的LTC4B-8D涡轮轴发动机，生产时间是1970～1981年。

贝尔214ST：双发中型运输直升机，但与贝尔214外观上差距很大，装2台CT7-2A涡轮轴发动机，生产时间是1979～1993年。

贝尔222/230：双发中型通用直升机，贝尔222装莱康明公司生产的LTS-101系列发动机，贝尔230装艾利逊公司生产的250-C30系列发动机。该系列直升机于1995年停产。

贝尔407：单发小型多用途直升机，是贝尔206/206L的换代机型，装艾利逊公司生产的250-C47B发动机，目前仍在生产。

贝尔412：在贝尔212基础上研发的机型，主要改进是由直径较小的4桨叶旋翼取代了贝尔212的双桨叶旋翼系统，装2台普·惠公司生产的PT6T-3BE涡轮轴发动机，目前仍在生产。

贝尔427：贝尔407的双发改型，美国贝尔直升机公司与韩国三星航空工业公司的合作项目，装2台普·惠公司生产的PW207D涡轮轴发动机，生产时间是1997～2010年。

贝尔429"环球突击队员"：贝尔427的替代型号，双发中型通用直升机，装2台普·惠公司生产的PW207D1涡轮轴发动机，目前仍在生产。

贝尔430：贝尔430中型双发直升机是在贝尔230的基础上加长和加大动力的改型，生产时间是1996～2008年。

2. 空客直升机公司

（1）公司概况

空客直升机公司（Airbus Helicopters，原称欧洲直升机公司）是空客集团下属全球最大的直升机制造企业。公司主要从事民用和军用直升机的研制生产，提供直升机的维修、大修服务。

空客直升机公司总部基地和总厂位于法国南部马赛附近，直升机桨叶制造厂位于巴黎市附近，旋翼试验中心位于巴黎勒布尔热机场附近。法国空客直升机公司目前开发和生产的主要产品有AS350"松鼠"/AS550"小狐"系列直升机、SA365"海豚"/AS565"黑豹"系列直升机、AS532"超级美洲豹"、"虎"武装直升机、NH90、EC120和EC135，总计7个系列的产品，其中后4个系列为国际合作产品。

空客直升机公司德国总部位于慕尼黑的奥托布伦，在巴伐利亚州的多瑙韦尔特也有工厂。德国公司负责直升机的研发、生产、飞行试验以及售后服务，主要直升机产品有Bo105和Bo108。

空客直升机公司的实力强大，在民用直升机领域的研发水平和销售量，基本与贝尔直升机公司相当；军用直升机的研发生产水平与波音直升机公司相当。该公司设计生产的直升机覆盖了80%左右的应用范围。

（2）产品型号

H120（曾用名EC120 B）：轻型单发直升机，是空客直升机公司生产的"蜂鸟"家族产品。

H125（曾用名AS 350 B3e）：单发小型多用途直升机，是空客直升机公司生产的高性能的"小松鼠"系列明星产品。

H130（曾用名EC130 T2）：单发涡轮轴轻型多用途直升机，采用空客直升机标志性Fenestron涵道式尾桨。

H135（曾用名EC135 T3/P3）：轻型双发多功能直升机，采用空客直升机标志性Fenestron涵道式尾桨。

EC145（曾用名EC145e）：中型双发3～4t直升机。

H145（曾用名EC145 T2）：中型双发4t直升机。

SA/AS365"海豚"：双发中型涵道式尾桨多用途直升机，中国型号是直-9。

H155（曾用名EC155 B1）：它是AS365"海豚"系列的改进型。

H160：介于H145（曾用名EC145）和H175（曾用名EC175）之间，此创新型中型机成为第一架H代直升机。

H175（曾用名EC175）：由法国空客直升机公司和中国哈尔滨飞机工业（集团）有限责任公司联合研发的7t中型运输直升机，中国型号直-15，商业编号AC352。

H215：双发重型直升机，超级美洲豹/美洲狮旋翼机家族的一员。

H225（曾用名EC225）：11t级双发直升机，"超级美洲豹"家族新成员。

3. 阿古斯塔·韦斯特兰公司

（1）公司概况

意大利阿古斯塔·韦斯特兰公司是世界著名的直升机研制生产厂商，总部位于意大利，目前是全球第二大直升机制造商。阿古斯塔·韦斯特兰公司是全世界直升机工业中最具实力的公司之一，已经研制和生产出了10多种不同型号的直升机用于满足军民用户的广泛需求。直升机的吨位涵盖了从起飞重量为2.8t的多用途单发直升机A119"考拉"一直到起飞重量为16t的多用途三发EH101直升机。其主要生产基地分布在意大利、英国和美国。

阿古斯塔公司成立于1923年，它的创建者是意大利人乔瓦尼·阿古斯塔。最初公司主要负责维修、设计和生产固定翼飞机。1952年，公司开始进军直升机领域，初期与美国贝尔直升机公司和西科斯基飞行器公司合作，签订直升机的专利生产合同。20世纪60年代起，阿古斯塔公司转入自行设计阶段，涉足军用直升机生产。2001年2月，意大利阿古斯塔公司和英国韦斯特兰公司经过长时间谈判之后，最终宣布合并，合并后的公司称作阿古斯塔·韦斯特兰公司，新公司在直升机领域的优势得到进一步增强，是欧洲第一大、世界第二大直升机公司。

阿古斯塔·韦斯特兰公司一直致力于帮助中国发展直升机产业。早在2005年，公司已经与昌河飞机工业（集团）有限责任公司建立了合资企业，合作生产CA109型直升机。汶川地震后，阿古斯塔·韦斯特兰公司扩大了在华直升机产能，以扩大在中国民用直升机市场的占有率。

（2）产品型号

AW101"墨林"：原编号EH101，大型三发多用途直升机，装3台罗罗公司/透博梅卡公司生产的RTM322-01涡轮轴发动机，目前仍在生产。

AW109：原编号A109，小型双发多用途直升机，装2台普·惠公司生产的PW206C涡轮轴发动机，目前仍在生产。

AW119：原编号A119，小型单发多用途直升机，装1台普·惠公司生产的PT6B-37A涡轮轴发动机，目前仍在生产。

AW139：原编号AB139，中型双发直升机，装2台普·惠公司生产的PT6C-67C涡轮轴发动机，目前仍在生产。

4. 罗宾逊直升机公司

（1）公司概况

罗宾逊直升机公司是世界上活塞式直升机第一大制造商。罗宾逊直升机以其高性能、优良的可靠性及性价比闻名于世。公司总部在美国加利福尼亚州托伦斯。该公司是建立在创始人弗兰克·罗宾逊对飞行及向通用航空市场提供低成本直升机的概念之上。1973年开始R22直升机的设计制造。罗宾逊直升机公司已连续近20年保持了全世界民用直升机的产量第一名。

（2）产品型号

R22：双座单发轻型活塞式通用直升机，以造价和维护费用低廉著称，1979年投产，至今仍在生产。

R44：R22的4座加大发展型，1993年投产，至今仍在生产。

R66：5座涡轴式通用直升机，首飞于2007年，至今仍在生产。

5. 西科斯基飞行器公司

（1）公司概况

美国西科斯基飞行器公司是军民用直升机、旋翼机系统和支援服务的供应商，由俄罗斯裔美国飞行器工程师埃格·西科斯基于1923年创建。西科斯基设计了第一架稳定的单发可操纵直升机并于1942年开始大规模生产。1934年，西科斯基飞行器公司成为联合飞行器公司（现联合技术公司）的子公司。西科斯基飞行器公司是美国的主要直升机制造商之一。

西科斯基飞行器公司在民用和军用直升机的设计和制造方面处于世界领先水平。该公司生产的中型和重型直升机在国际市场上都占有较为重要的地位，有50多个国家和地区在使用该公司的直升机。

（2）产品型号

S-47/R-4：1942年世界上第一种投入生产的直升机。

S-51/H-5/R-5：1945年投产，第一种广泛使用的多用途直升机。

S-52：1951年投入使用的通用直升机。

S-55：1950年投入使用的10座多用途直升机。

S-58：1954年投入使用的S-55改进型。

S-61："海王"反潜直升机的衍生型号。

S-62：1961年投入使用的涡轴单发水陆两用直升机。

S-64：1962年首飞的"飞行吊车"起重直升机。

S-70：UH-60"黑鹰"直升机的民用衍生型号，至今仍在生产。

S-76：14座中型多用途直升机，至今仍在生产。

S-92：大型多用途直升机，至今仍在生产。

第二节 国内主要通用航空器制造商

中国的通用航空器制造商主要是航空工业及下属企业，航空工业在中国通用飞机制造领域占据绝对主导地位。近年来国内出现的一些民营、合资的通用航空器制造企业规模还很小，不过随着国内通航市场的快速发展，这些国内通用航空器制造企业的未来增长空间巨大。

一、国有企业

1. 中航通用飞机有限责任公司

（1）公司概况

中航通用飞机有限责任公司（简称航空工业通飞）是中国航空工业集团有限公司旗下按照国务院批复组建的大型国有企业集团，由航空工业、广东粤财、广东恒健和珠海格力航投投资设立，控股中航重机、中航电测两家国内A股上市公司，是国内最大的以通用飞机研发制造、运营服务为主业的多元化公司，截至目前，注册资本金118.57亿元，总资产超过500亿元。

航空工业通飞实施"聚焦·创新"发展战略，主营业务涉及通用航空器研制、通航运营与服务、航空零部件、非航空制造四大领域，已在国内建设以珠海总部为中心，覆盖广东、湖北、贵州、河北、江西、陕西等地区的产业基地，100%控股美国西锐飞机公司。

航空工业通飞在航空工业新时代发展战略指引下，加强研发体系建设、市场营销体系建设、服务体系建设、通航运营体系建设、非航空产业建设。目前，已形成全面覆盖商务飞机、私人飞机、多用途飞机、特殊用途飞机和浮空器等通航产品系列发展格局，通用飞机设计、制造、试验、试飞等能力达到国际一流水平，强化水动力、腐蚀防护两个特色专业能力建设，培育的总体气动、结构强度、操纵系统、动力环控、电子电气等传统专业成为具有航空工业通飞特征、通航特色的拳头专业。

航空工业通飞依托雄厚的通用航空产品研发与制造实力，在国内已形成飞行培训、航空俱乐部、FBO（固定基地运营商）、通航作业、通勤航空、航空旅游的"通航+"发展模式，以"传播航空文化，实现飞行梦想，引领中国通用航空产业发展"为使命，建设与国家国际地位相称、与航空工业发展战略相一致、与市场和客户需求相匹配、与股东和员工期望相适应的现代通用航空企业。

（2）产品型号

AG600"鲲龙-600"：中国大飞机三剑客之一，是中国自行设计、研制的大型灭火、水上救援水陆两栖飞机，是世界在研最大的水陆两用飞机，是国家应急救援体系建设急需的重大航空装备。

SF50"愿景"喷气机：一种7座、单发、下单翼的超轻型喷气式公务机，首飞于2014年3月24日。

"西锐"SR-2X：SR20是高性能4座轻型飞机，采用全复合材料机身，先进的航电设备，装有弹道回收系统（BRS）降落伞，紧急情况下，可将整架飞机安全降落；SR22是SR20放大型，加大尺寸和发动机功率，由4座增加到5座。

"小鹰"500：由石家庄飞机工业有限责任公司、第一飞机设计研究院及中国民用航空飞行学院合作开发研制的轻型多用途飞机。

"领世"AG300：轻型6座增压客舱单发涡桨式公务机，机身采用碳纤维复合材料，是目前世界上同类单发涡桨式飞机中飞行速度最快的飞机之一。

"海鸥"300：由石家庄飞机工业有限责任公司和中国特种飞行器研究所联合研制的轻型水陆两栖飞机。

运5B：石家庄飞机工业有限责任公司生产的多用途飞机。

A2C：双座半敞开式座舱，蒙布构架式结构的超轻型多用途水上飞机，由中国特种飞行器研究所研制。

AG300：中国首款拥有自主知识产权的5座单发涡桨通用飞机。

AG100：采用三座布局的全新一代初级教练机。

AG50：双座上单翼轻型运动飞机，2019年首飞。

AG60：单发上单翼轻型运动飞机，2020年10月26日顺利实现国内取证机首飞。

2. 中航直升机股份有限公司

（1）公司概况

中航直升机股份有限公司（英文名称：AVICOPTER PLC；证券简称：中直股份）前身是哈飞航空工业股份有限公司，成立于1999年，2000年在上海证券交易所上市。公司注册地位于黑龙江省哈尔滨市，办公总部位于北京市，主要运营基地分布于滨海新区、哈尔滨市、景德镇市和保定市。

中直股份是国内主要的航空装备制造企业之一，秉持"扶摇直上，无所不达"的产品理念，研发制造多型不同吨位、满足各类用途的AC系列民用直升机，以及运-12和运-12F系列通用飞机。公司产品结构合理，谱系健全，在民用直升机、通用飞机、国产全系列直升机零部件制造、航空转包生产和客户化服务等领域构建了系统与集成级的解决方案优势，为政府客户、企业客户和消费者提供有竞争力的航空产品与服务，成为国内领先的航空器系统集成和整机产品供应商，同时也是致力于航空武器装备制造的大型现代化军工企业。

（2）产品型号

直-5：哈飞仿制米-4直升机生产的活塞式中型直升机，现已停产。

直-8（AC313）：昌飞生产的三发大型多用途直升机。

直-9（AC312）：哈飞许可生产的SA365N"海豚"双发中型多用途直升机。

直-11（AC301）：昌飞生产的单发小型多用途直升机。

直-15（AC352）：哈飞与空客直升机公司合作研制的双发中型多用途直升机。

H120（EC120）：哈飞参与国际合作生产的单发小型多用途直升机。

AC311：在直-11基础上改进的单发小型多用途直升机。

AC310：活塞式单发轻型直升机。

H410：直-9的加大功率改进型。

H425：直-9在H410基础上的进一步加大功率改进型。

运-12：哈飞研制生产的涡桨式轻型双发多用途运输机。

二、民营企业

1. 湖南山河科技股份有限公司

（1）公司概况

湖南山河科技股份有限公司隶属于中南大学何清华教授创办的湖南山河智能集团，是山河智能集团航空板块的重要组成部分，专业从事通用航空产品的研制、销售和服务。该公司成立于2008年，主导产品为超轻型载人飞机、动力三角翼、高档游艇、固定翼无人飞机、航空发动机、航空专用设备等。自公司成立以来，获得了中国民航主管部门（CAAC）颁发的飞机型号合格证

M3-3 湖南山河科技股份有限公司

TC、生产许可证PC、147部机型培训资质，美国FAA颁发的LSA适航认证、无人机驾驶员培训资质及AS9100D国际航空航天质量体系认证。公司在全复合材料载人轻型飞机领域，开发了国内首款自主品牌山河SA60L（阿若拉）系列轻型运动飞机，拥有国内最大的市场占有率；完全按照正常类23部飞机适航要求开发了国内首款全复合材料五座轻型飞机山河SA160L；在无人机领域，开发了山河"飞玥""云翼""雷霆"及无人阿若拉等系列产品，已批量应用于物资输送、应急救援，遥感遥测等领域。

（2）产品型号

山河SA60L（标准型）：单发双座碳纤维复合材料轻型运动飞机，是我国第一款通过中国民航适航认证的民族自主品牌轻型运动飞机。

山河SA60L-T（高原型）：基于山河SA60L轻型运动飞机研制，可在海拔2450m处达到最大起飞功率。

山河SA60L-IS（豪华版）：基于SA60L轻型运动飞机研制，采用了先进的电喷航空发动机，油耗降低显著，航电设备配置更先进。

山河SA160L：单发5座下单翼飞机。

2. 浙江万丰航空工业有限公司

（1）公司概况

M3-4 浙江万丰航空工业有限公司

浙江万丰航空工业有限公司是万丰集团全资控股的专注于通用航空产业的投资公司，是对通用航空产业各领域（包括飞机制造、机场管理、通航运营、航校培训、低空保障等）进行投资的平台。浙江万丰航空工业有限公司于2015年10月注册成立，2015年收购加拿大DFC航校。2016年，分别收购捷克DF飞机公司、FM飞机公司、AP飞机公司，12月收购加拿大钻石飞机公司。2017年1月，成立浙江万丰通用航空有限公司，2017年12月收购奥地利钻石飞机公司。公司现有5大业务板块、国内外30余家子公司。浙江万丰航空工业有限公司遵循"万里之航，丰行天下"的经营理念，致力于通用航空产业开拓与发展，全力参与国家发展低空空域经济生态圈的建设和浙江省"大航空、大交通、大平台"的产业战略，全力融入浙江省"空中1小时交通圈"的"大交通"战略中，以打造大航空生态链为引领，以飞机研发制造为核心，致力于通用航空产业的开拓与发展，形成国内国外遥相呼应、优势互补、资源共享的航空产业发展格局，实现制造、通航、机场、航校、空中服务等业务的健康发展，努力成为中国通航产业细分市场的领导者。

（2）产品型号

钻石飞机系列：

DA20：单发双座固定前三点式起落架小型飞机，仍在生产。

DA40"钻石星"：在DA20基础上发展的单发4座小型飞机，仍在生产。

DA42"双星"：双发4座双引擎螺旋桨飞机，钻石系列首款双引擎设计飞机。

DA50"超级星"/"玛格南"：单发5座活塞式轻型飞机。

DA62：双发7座活塞式全复合材料豪华轻型飞机，钻石飞机高性能活塞机型家族里最大的一款机型。

3. 武汉卓尔宇航集团

（1）公司概况

武汉卓尔宇航集团成立于2013年，是中国500强卓尔控股旗下专注航空产业的重要板块，集团总部位于中国武汉盘龙城临空经济开发区卓尔宇航产业园，主要从事轻型飞机、飞行模拟器、工业级无人机及大飞机零部件的研发、设计、生产、销售、售后服务,及飞行培训、航空俱乐部运营等。

武汉卓尔宇航集团先后收购捷克领航者、德国挑战者等多家欧洲知名飞机制造商,已实现本地化生产、自主化研发和市场化运作。2017年,武汉卓尔宇航集团自主研发的双座轻型运动飞机领航者600下线,该机型拥有型号认可证、国籍证、适航证、出口许可证、电台执照等资质证书。卓尔•飞虎是卓尔宇航研究院成功研发出的全球首款拥有自主知识产权的涵道风扇工业级无人机。

(2)产品型号

卓尔领航者600(Skyleader):单发双座下单翼全金属结构的超轻型飞机。

拓展提高

1. 课程实践

我国在全球通航制造业发展的大环境下,通过国家政策的扶持,通用航空器制造在产品质量和技术水平上都有长足的进步。目前,国内主要的通航整机制造企业为航空工业下属的中航直升机有限责任公司、航空工业通飞,以及以浙江万丰航空工业有限公司、湖南山河科技股份有限公司等为代表的民营企业。国内通航制造业发展较快的领域为技术门槛相对较低的直升机和中小型固定翼飞机,在各地航空产业园的通航制造业布局中均有涉及,生产规模和技术水平不断提高。从2013年起,通用飞机的数量始终保持上升的趋势,机队规模和在册航空器数量稳步增长。根据中国民航主管部门发布的《2020年适航司年报》,截至2020年年底,中国在册通用航空器数量为4165架,同比增长14.4%,但通用航空器制造商,尤其旋翼机仍以国外为主,我国通航整机制造规模尚小。

通航零部件制造在细分领域取得突破。国内航空零部件制造主要分为发动机、机身部件、航电系统和其他机载设备及零部件配套。从整体上看,随着国内航空装备制造业生产制造水平的提升,许多国内大企业都进入了国家航空装备转包生产供应链,也为国际通航巨头转包生产飞机零部件;通航航电系统方面也有大量国内企业参与,主要集中于仪器仪表、传感器等。国内很多通航零部件制造商取得非关键零部件PMA认证,从事替换和改装件生产,在通航机载设备、内饰、座椅等非关键零部件细分领域不断取得突破,并开始逐步向系统配套、集成化方面发展。

然而,我国通航制造业还存在不足之处:一是通航制造业创新和发展动力不足;二是通航整机制造企业规模小、体系不完善,产品应用单一且缺乏市场竞争力,研制生产缺乏全局性的规划和布局;三是通航零部件种类繁多,系统配套不足,缺乏有效的整合,未形成产业化和系统化,难以实现零部件的集成和模块化生产。

因此,2022年两会期间,全国人大代表、万丰奥特控股集团党委书记、董事局主席陈爱莲提交了《关于成立中国通航产业制造业协会的建议》,其中建议联动通航核心制造企业成立"中国通航产业制造业协会",加快推动通用航空制造业高质量发展,同时利用协会平台打造通航产业生态圈,通过协会平台,实现资源共享、合作共赢,加强通航产业链上下游配套合作。

陈爱莲表示:"建议以主力机型为牵引,确保足够的需求量以支撑国内零部件企业开展配套研制生产,建设国内通航零部件生产链、供应链。在发展整机生产的同时,同步进行航空器零部件设计与规划,从整体上对通航产业进行安排和布局,加强国内各零部件研制生产单位间的交流与协作,努力推出系统化、集成化、模块化的产品,如成套的机体结构、仪表显示系统、控制系统等,提升国内航空装备制造的整体水平。同时,积极与国外企业开展多种形式合资合作,引进、学习先进的零部件研制生产技术,提升企业生产技术水平和服务能力。"

【问题思考】

试分析我国通用航空业特别是通用航空制造业发展还存在哪些不足?可以从哪些方面取得突破?

2. 阅读思考

通用航空制造业的发展水平依赖于本国/本地区的经济发展水平、市场需求和航空工业基础。总体上看,世界各国、各地区的通用航空制造业发展并不平衡,发达国家的水平相对较高,发展中国家的水平相对较低。

目前,美国通用航空制造业世界领先,法国、德国、意大利、英国、瑞士、捷克、奥地利、波兰、俄罗斯、乌克兰、加拿大、巴西、日本、澳大利亚、新西兰、以色列等国家通用航空制造业也比较发达。以美国为首的上述国家掌握着世界上最先进的通用航空制造技术,引领全球通用航空器的发展方向,其相关产品在世界市场上处于近乎垄断的地位。

美国的通用航空制造业依托于其自身巨大的消费市场,并有强大的航空工业基础作为支撑,长期以来遥遥领先于其他国家。目前,美国通用飞机/直升机年产量3000~4000架,整个通用航空制造业年产值为200亿~300亿美元,占全球行业总产值的60%~70%,从业人数10万~20万人,对美国GDP的年贡献率约为0.1%。

美国拥有为数众多的通用航空制造企业,其中通用飞机/直升机制造企业约150家(最多时曾达到200家以上),知名的通用飞机制造商有湾流宇航公司、赛斯纳飞行器公司、豪客·比奇公司(豪客·比奇公司破产重组后被德事隆集团收购,与赛斯纳飞行器公司重组成德事隆航空公司)、波音喷气公务机公司、日蚀飞机公司、本田飞机公司(总部在日本,工厂和研发机构在美国)、派珀飞机公司、西锐飞机公司(已被航空工业通飞收购)、穆尼公司、空中拖拉机公司、画眉鸟公司等,知名的直升机制造商有西科斯基、麦道直升机、贝尔、罗宾逊、恩斯特龙、罗特威等公司。

美国还有众多实力很强的试验类套材飞机公司,如范氏(Vans)、珍尼斯(Zenith)、兰塞尔(Lancair)、兰氏(Rans)、格拉斯飞机(Glasair)等公司。

除了整机制造,美国的动力系统、航电系统、机载设备等制造能力也是世界领先的。美国拥有一批世界知名的涡轮螺旋桨和涡轮风扇发动机制造企业,如通用电气、霍尼韦尔、威廉姆斯国际,以及普·惠公司下属的普·惠加拿大公司,这几家公司的产品几乎占据世界80%~90%的市场份额。而功率在100马力(1马力=375瓦特)及以上的汽油活塞发动机市场几乎完全由莱康明公司和大陆公司(被中航国际收购)两大厂商分享。哈策尔(Hartzell)、麦考利(McCauley)、森森尼奇(Sensennich)等螺旋桨公司在世界市场上也处于绝对优势地位。在航电系统领域,洛克韦尔·柯林斯、霍尼韦尔、佳明、L-3通信公司和L-3航电电子系统公司、艾维达因等厂商处于行业主导地位。在机载设备领域,霍尼韦尔公司、古德里奇公司、汉胜公司、帕克宇航公司、奎恩宇航电子公司、K&F工业控股公司、德克兰宇航公司、特朗斯蒂姆(TransDigm Group, Inc.)、赛科尔国际公司(Circor International, Inc.)、EDO公司(EDO Corporation)、环球降落伞系统公司在全球占据很大市场份额。

除在制造业的关键领域占有绝对优势外,美国还有数以千计的通用飞机结构和系统零部件生产企业,以及众多的工具/设备/装备和原材料、专用系统/设备生产企业。例如,美国铝业公司、Hexcel公司、MC Gill公司等都是世界上最重要的航空结构材料供应商,而罗德公司(Lord Corporation)则是世界上最重要的密封剂、胶黏剂和涂层生产商。

第四章

尊享与高效：全球主要公务机

教学目标

知识目标

掌握公务机的定义及分类；
了解公务机的应用与发展情况；
了解公务机的结构和性能特点；
了解国内公务机动力装置的市场构成。

能力目标

根据各类公务机的典型机型概况，能准确描述各类典型机型的性能数据。

素质目标

了解公务机的发展与变化趋势，培养"时间就是效率，时间就是财富"的职业意识。

通用航空机型概论

学习导航

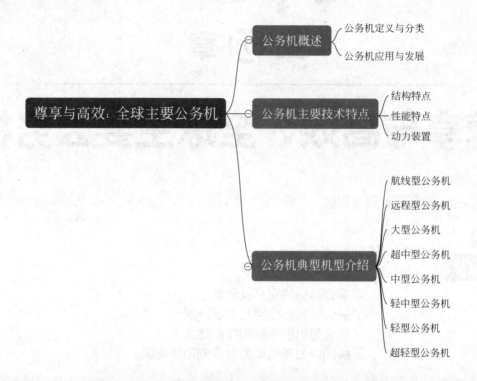

案例导入

中国国产公务机内景曝光

2021年9月28日,第十三届中国国际航空航天博览会(简称"中国航展")在珠海拉开帷幕,中国商飞公司首次在国际航展上展示CBJ公务机(图4-1)。

作为由国产支线客机ARJ21发展而来的最新产品,CBJ公务机具有"高端、舒适"的特点,更宽敞的客舱空间可满足12~29座的座位布局,能够灵活布置休息区、会议区、会客区、就餐区等相对独立的功能空间,满足客户个性化需求。

CBJ公务机客舱配备舒适可倾斜、330°旋转的座椅,采用了最新的机载娱乐系统方案,低至55dB(A)的环境噪声为客户营造静谧的客舱环境。

中国商飞公司介绍,CBJ公务机定位是中程、大型改装公务机,可以承担商旅、行政和外事等公务飞行,同时具备良好的高原高温性能和复杂航线越障能力。

【问题思考】

中国商飞公司研发的CBJ公务机有哪些显著特点?公务机具体有哪些类型?目前国产公务机有哪些机型推出?

第四章 尊享与高效：全球主要公务机

图4-1　上海商飞CBJ公务机

在经济全球化的进程中，公务机成为越来越重要的出行工具。试想某位中国CEO同时在非洲、欧洲和美国等国家和地区拥有分公司，如何最有效率地敲定这三大洲中的各项商务事宜？这时具有"时间机器"美誉的公务机就得以派上用场。与飞行爱好者休闲娱乐使用的小型私人机不同，公务机追求的是专业和高效率，最大化地为专业公务出行提供便利。本章主要阐述公务机的定义、分类及应用发展，简要介绍公务机的结构特点、性能特点及动力装置市场情况，进一步以最大起飞重量与航程远近为依据分类，分别介绍各类公务机的典型机型及性能特征。

第一节　公务机概述

一、公务机定义与分类

（一）公务机的定义

公务机又称行政机，是企事业单位、政府部门或个人为办理公私业务而用于出差旅行的飞机。公务飞行的特点是可以根据商务、公务活动的需要，自主确定起飞时刻和降落地点，是一种节省时间、方便灵活、安全、可靠、舒适、高效的运输方式。此外，公务机还被用于执行海岸巡逻、货物运输、医疗救护及雷达校准等任务。

大部分公务机一开始就从适用于出差旅行出发进行飞机设计，性能上追求快速、安全、高效。早期的公务机是采用螺旋桨发动机的飞机，如豪客·比奇公司生产的"空中国王"、比亚乔公司生产的"前进"等飞机，这些飞机尺寸小、重量轻、载客少、用途广。现代先进的公务机均为喷气公务机，具有飞行速度快、航程远、乘坐舒适等特点。喷气公务机是目前公务机市场的主流。

（二）公务机的分类

公务机按机型最大起飞重量与航程远近可粗略地分为航线型、远程型、大型、超中型、中型、轻中型和轻型等，近几年还出现了超轻型喷气机（VLJ）。

1. 航线型公务机

主要是由波音和空客两家公司提供，代表机型有基于波音737-300的BBJ和基于空客A3XX的ACJ，该类机型能提供更远的航程，可进行洲际飞行，同时具备更高的巡航高度（12500m），可根据客户需求配置比传统公务机更多的座位设置余度，适合企业员工、家庭成员和政府团队的出行。因机型不同，报价存在较大差异，如ACJ市场参考价8000万美元，BBJ报价区间在0.47亿~3.1亿美元。

2. 远程型公务机

远程型公务机多是售价超过4000万美元的飞机，主要代表机型是庞巴迪宇航集团生产的"环球快车"系列，达索飞机制造公司生产的"猎鹰"7X和8X，巴西航空工业公司生产的"世袭"1000，湾流宇航公司生产的"湾流"G550、G650、G800等。远程大型公务机最大载客量达19人，航程超过10000km。

3. 大型公务机

大型公务机一般售价超过3000万美元，代表机型有庞巴迪宇航集团生产的"挑战者"650、达索飞机制造公司生产的"猎鹰"900、湾流宇航公司生产的"湾流"G450等。大型公务机一般载客量超过10人，航程达6000~8000km。

4. 超中型公务机

超中型公务机一般售价在2000万~3000万美元，代表机型有巴西航空工业公司生产的"莱格赛"600、庞巴迪宇航集团生产的"挑战者"350、湾流宇航公司生产的"湾流"G280等。乘客一般为8~10人，航程在6000km左右。其中，"湾流"G280航程为6667km，是同类超中型商务喷气机中巡航速度最快、航程最远的机型。

5. 中型公务机

这类机型有赛斯纳飞行器公司生产的"奖状纬度""奖状经度""奖状君主"，巴西航空工业公司生产的Praetor 600，庞巴迪宇航集团生产的"里尔"75等，它们的售价为1500万~2000万美元。

6. 轻中型公务机

这些飞机的载客量为10人左右，航程达3500~4500km，单价为600万~1000万美元。主要代表机型有皮拉图斯飞机制造有限公司生产的PC-24，赛斯纳飞行器公司生产的"奖状优胜"和"奖状"XLS，豪客·比奇公司生产的"空中国王"350、"豪客"800，庞巴迪宇航集团生产的"里尔"45等。

7. 轻型公务机

一般载客4~7人，航程2500~3000km，单价在350万美元左右。主要代表机型有赛斯纳飞行器公司生产的"奖状喷气"CJ系列、豪客·比奇公司生产的"首相"Ⅰ、庞巴迪宇航集团生产的"里尔"40及巴西航空工业公司生产的"飞鸿"300。

8. 超轻型公务机

近几年，一种单价低于500万美元甚至只有100万~200万美元的轻型公务机成为公务机市场新的增长点，这种飞机称为超轻型公务机（VLJ）。该机由一名飞行员驾驶，最大起飞重量低于4540kg，通常载客3~7人。代表机型有西锐飞机公司生产的"愿景"SF50、本田飞机公司生产的HA-420、赛斯纳飞行器公司生产的"奖状"M2、巴西航空工业公司生产的"飞鸿"100等。

二、公务机应用与发展

（一）世界公务机市场发展

公务机的发展历史并非一帆风顺。第一架公务机诞生于20世纪60年代初，它很快成为达官贵人的交通工具。早期的飞机，如"喷气星""里尔喷气"等，纷纷被政府要人、大公司和富人购买。至1968年，公务航空已经产生了一个规模不大但可盈利的市场，但由于这些有钱的客户十分有限，这个市场很快便沉寂下来。

20世纪70年代,全球公务机市场波澜不惊。但到1982年,由于大批"里尔喷气"飞机交付给美国政府,公务机市场出现了昙花一现式的增长,随后又恢复到原来的水平。1996年,全球公务机市场开始迅速增长,很快扩大了近4倍。1999年,制造商交付了636架价值98亿美元的喷气公务机,2000年则进一步上升到107亿美元,交付741架飞机。如果把空客ACJ和波音公务机(BBJ)两种专用的喷气公务机也算入的话,2000年的市场总值为115亿美元。正是由于这次爆发性的增长,使得当年公务机市场的成交金额甚至比战斗机市场的还要多。

受到2001年"9·11"事件等一系列因素影响,2002~2003年,世界公务机市场出现大幅度下滑,但到2004年公务机产量又开始回升,并保持增长态势,2005年,全球公务机产量攀上了750架的新高峰。2017年全球喷气公务机机队规模接近2.1万架,其中的大部分都在美国或由美国公司拥有。欧洲是第二大公务机市场,亚洲和中美洲的公务机市场正在蓬勃发展。

1. 全球喷气公务机增速回落

全球喷气公务机一直保持增长势头,尤其是在1994~2013年期间,增速始终保持在4%以上,年均增速为6.5%。近年来,全球喷气公务机机队规模的增速从最高点超过8%回落到不到3%。值得注意的是,尽管飞机交付量逐年增多,但总体金额却提升不大。主要是因为大型喷气公务机尤其是超远型喷气公务机的交付量连续减少,而轻型喷气飞机的交付量有所增加。市场出现结构性变化,高价格公务机占比升高。2008年,高价格公务机交付量保持在五成左右,之后逐年走高,2013~2017年高价格公务机交付量的占比均超过六成(图4-2)。由于这些机型价格相对较高,逐渐引领2008年后整个喷气公务机市场的价格走向。从历史交付量和交付金额数据来看,2008年以前的交付金额走势和交付量基本一致,而在2008年之后,走势开始分化,交付量大幅下滑,交付金额却相对稳定,主要源于平均单机价格的增加。

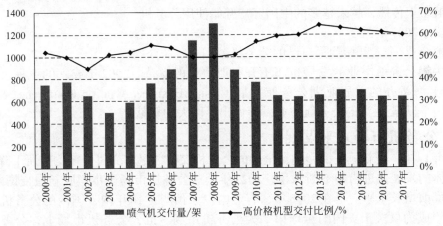

图4-2 2000—2017年喷气公务机交付量和高价格机型交付比例

2. 喷气公务机品牌集中度高

喷气公务机市场是资本和品牌高度集中的市场。2017年,从交付金额来看,湾流宇航公司的交付金额占比36.5%,雄踞榜首,庞巴迪宇航集团的交付金额占比28.9%,位居第二,接下来依次为达索飞机制造公司、德事隆航空公司、巴西航空工业公司,交付金额占比分别为13.5%、10.0%、7.5%;从交付量占比来看,德事隆航空公司交付量占比为26.6%,位于首位,庞巴迪宇航集团占比20.7%,紧随其后,湾流宇航公司、巴西航空工业公司、达索飞机制造公司位于3~5位,占比分别为17.8%、16.1%、7.2%。从整体来看,湾流宇航公司、庞巴迪宇航集团、达索飞机制造公司、德事隆航空公司、巴西航空工业公司五大喷气公务机制造商合计占整个市场交付金额的95.4%、交付量的88.4%。2015年以来,本田飞机公司、西锐飞机公司等新竞争者凭借单一产品占据部分轻型公务机细分市场的份额，但并未改变喷气公务机的整体格局。

3. 超远型喷气机成为制造商研制热点

2017年中型以下喷气公务机交付量占全部公务机交付量的1/2以上，但金额仅为总金额的1/6。而超远型公务机占全部公务机交付量的不到1/4，却占据近六成的交付金额。"湾流"G650在2012年投入市场后，在全球尤其是亚太地区的热卖促进超远型公务机成为最大的细分市场，超远型喷气公务机成为各大公务机制造商的研制热点。

（二）中国公务机市场发展

中国公务航空的历史始于1995年。当时，海南省航空公司（今天的海南航空公司）成立了VIP分部（今天的金鹿公务航空公司），并购买了我国第一架公务机——庞巴迪公务机公司生产的"里尔"55飞机。随后，公司开始从事公务机包机业务。

1997年，海南航空公司开始引进雷神飞机公司生产的"豪客"800系列公务机。直到2002年，"豪客"飞机几乎独占中国公务航空市场。在此期间，"豪客"在中国几乎成为公务机的代名词。2000年，山东航空公司成立了彩虹公务机有限公司，并引进了一架庞巴迪公务机公司生产的"挑战者"604飞机。

我国第一个购买公务机自用的是长沙远大空调集团的董事长张跃。他于1998年购买了一架赛斯纳飞行器公司生产的"奖状"CJ1飞机。

我国公务航空业的发展可以归纳为3个阶段。

第一阶段：1995~2002/2003年。

只有少量的公务机从事公务包机服务，这一阶段的包机客户主要是西方人士。

第二阶段：2002/2003年~2007年。

仍以包机为主，但越来越多的中国客户开始使用公务包机。2003年非典期间，由于担心非典病毒在定期航班上传播，越来越多的中国客户开始使用公务机。

第三阶段：2007年至今。

大量中国企业/个人开始购买自己的公务机。

当然，中国公务航空业的发展也离不开行业协会的支持。2002年成立的亚洲公务航空协会及2005年在上海举办的首届亚洲公务航空展（Asian Business Aviation Conference & Exhibition，ABACE）对中国乃至亚洲的公务航空业发展做出了巨大的贡献。

（三）公务机市场未来发展

自2020年以来，受新冠疫情影响，全球的公务机交付数量和交付金额均有所下降，但随着全球主要经济体的发展促进措施不断深化，2022年全球公务机市场逐步摆脱新冠疫情的不利影响，加速恢复至疫前增长水平。早在2016年，有业内专家预测在10年内，国内的公务机将超过1500架，中国有望成为仅次于美国的全球第二大公务机市场。世界公务机市场上，公务机的创新产品，尤其是拼机App层出不穷。与此同时，公务机在设计上也不断推陈出新，新技术的运用使得公务机更为智能化、多样化、大众化。

1. 智能化

智能手机、平板电脑等设备在公务机领域开始大放光彩。在安装了智能家居的飞机上，机主和乘客可以用自己的手机对飞机舱内环境进行控制，如灯光的明亮程度、开关、座位调整等。在一些机型中甚至已经可以用iPad来驾驶飞机。不仅如此，人们还可以像使用"滴滴打车"手机软件一样，通过手机直接预订公务机。这些智能化设备都使得公务机的控制、管理和预订变得快捷、即时，最大限度满足公务机乘客对效率的追求。

2. 多样化

为了满足客户不同的需求，各大公务机制造公司都推出了各种大小、价格区间和航程的公务机型。如巴西航空工业公司，从超轻型到超大型分别为"飞鸿"100超轻型、"飞鸿"300轻型、"莱格赛"450中轻型、"莱格赛"500中型、"莱格赛"600超中型、"莱格赛"650大型和"世袭"1000超大型，覆盖了从1178海里到4600海里的各种航程范围。又如法国的达索飞机制造公司，其公务机"猎鹰"系列机型凭借着继承战斗机血统的强大性能，可以适应从高效公务飞行、货物速递到医疗运输等各种任务类型，如图4-3所示。这就可以看出，如今公务机制造公司推出的不同型号的飞机从载客数、客舱大小、燃油性能、连续飞行里程上各有不同，追求最大化地满足各类客户的任何要求。

图4-3 达索飞机制造公司生产的医疗运输"猎鹰"飞机

3. 大众化

为了配合公务机市场的蓬勃发展，飞机的起降地点、空中加油站等配套的基础设施不断增多，使用和乘坐公务机的阻力正在变小，在必要的时候使用公务机出行再也不是少数人的专利。同时公务机的使用方式正在向多样化的方向发展，各种资产规模的个人及企业都可以在有实际需求时使用公务机。目前的4种使用方式，有私人所有、分时所有、公务机卡和公务包机。分时所有即是购买飞机的部分所有权，运营商根据用户的飞行线路和旅客情况提供不同的飞机，并以飞行小时数计算具体费用。公务机卡和分时所有模式类似，相比而言有更大的选择空间，能享受不同运营商提供的飞机服务，并且采用预存扣费的方式。公务包机则是以次计费。如果觉得一个人乘坐有点浪费，利用App就可以多人拼机共同承担费用，用头等舱的价格享受公务机的效率，让公务机的门槛随之大幅降低。

第二节 公务机主要技术特点

一、结构特点

公务机大部分为常规布局，也有个别的采用带有前翼的鸭式布局，如比亚乔（Paggio）的"前进"和豪客·比奇的"星舟"，采用悬臂式下单翼、悬臂式T形尾翼。为确保安全性，公务机多采用2台发动机，高级公务机多采用涡扇发动机，其噪声小，燃油经济性好，推重比大，而且为提高客舱乘坐舒适性，发动机常安装在机身尾部或飞机两侧机翼的短舱内。达索飞机制造公司的"猎鹰"系列公务机采用了3台发动机的构型。公务机配备自动驾驶仪、多功能系统显示屏、飞行管理系统等较先进的机载航电系统。客舱增压，内设办公舱、会议室和通信设施，供乘客使用。一般有

10名以上机组人员（包含飞行员和客舱乘务员），载客人数随飞机大小从3至20人不等。

二、性能特点

现代先进喷气公务机采用更多的先进技术，追求舒适、高效、经济等。其技术特征向民用客机靠近，速度、航程和载客量不断增大，如"奖状"X高速远程公务机的巡航马赫数达到0.91（比大型客机还要快）。在布局上，先进的喷气公务机外形已越来越像民用客机，如"奖状"X的机翼后掠37°以提高巡航速度，整体机身加壁板式蒙皮，所有的控制面、扰流板、减速板和襟翼均由复合材料制成。因此，大中型喷气公务机的技术特征基本可参照民用客机的技术特征。新型VLJ产品也开始采用复合材料结构。

三、动力装置

公务机动力装置是保障公务机安全、高效运行最关键的部件。下面以中国市场为例说明。

1. 发动机推力

在公务机市场的牵引下，国内发动机市场呈现出三足鼎立态势，中等推力涡扇发动机、中小推力涡扇发动机和涡桨发动机合计占据总量的90.7%。其中中等推力涡扇发动机202台，略低于中小推力涡扇发动机217台，三发大型喷气式公务机的存在使得市场对中等推力涡扇发动机的需求被分流了一部分，涡桨发动机保有量为247台，市场占有率较涡桨公务机下降了12%，这是由于大量在役涡桨公务机是单发动力造成的，如图4-4所示。国内市场不论是中大型还是小型涡桨公务机都采用800kW功率量级的发动机。至于大推力涡扇发动机和小推力涡扇发动机的市场份额分别为1.4%和8%，基本上对应了航线型喷气式公务机和轻型及以下公务机

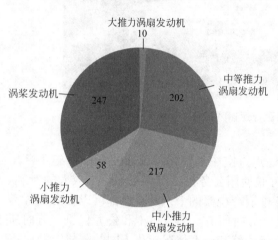

图4-4 国内公务机发动机保有量（2019年）

的市场占有情况。

2. 机型构成

国内市场在役公务机共有47型，而相应的发动机却只有16型，一型发动机衍生子型号可为多型公务机提供动力，而反过来一型公务机却很少选用多型发动机。一发多机使得公务机动力市场分布更加集中，保有量前10的发动机型号占据了95%以上的市场空间。PT6A涡桨发动机在役量最大，共有246台，可配装"赛斯纳"208、"空中国王"90/200/350、Kodiak100及PC-12等诸多公务机机型，几乎垄断了该领域国内涡桨动力市场。在役量50台以上的涡扇发动机有BR700、泰（Tay）、PW500及CF34等4个系列（图4-5）。其中前两者为中等推力涡扇发动机，主要配装双发G450/550/650等大型喷气式公务机；后两者为中小推力涡扇发动机，可为"里尔喷气"60、CRJ100/200、"猎鹰"7X等提供动力。

事实上，国内公务机机队仍然非常年轻，平均机龄仅为7.7年，近10年交付的新机占据了总量的八成，这也意味着国内市场几乎不存在新旧产品交替的问题，发动机交付量排名与保有量排名基本上保持一致。与航空运输市场发动机疾风骤雨般的新旧交替完全不同，公务机动力的变革很缓慢。市场上活跃的PT6A、BR700、Tay、PW500发动机大都还是20多年前就研制问世的经典产品，通过不断地升级改造，有效推迟了衰退期的到来，未来相当长的一段时期内仍将是公务机动力市场的主导。

在公务机动力制造商中，普·惠加拿大公司占据了最大份额，合计374台，超过总量的一半。除了在涡桨发动机市场的支配地位，PW300/500、JT150等动力产品也在喷气式公务机上得到了广泛的应用。罗罗公司占据国内公务机动力市场总量的1/3，产品线非常丰富，除自身的Tay系列以外，还涉及BR700、FJ44、AE3007等，是当前中等推力涡扇发动机的主导力量。GE航空集团和霍尼韦尔公司分别以64台和42台位列其后。而CFM国际公司、IAE公司的CFM56-5B/7B、V2500发动机则主要为航线型公务机提供动力。

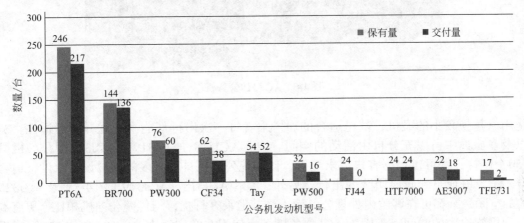

图4-5　国内公务机发动机型号保有量与近10年交付量排名

第三节　公务机典型机型介绍

一、航线型公务机

航线型公务机位于公务机市场价值链的顶端，其主要购买群体为各国政府部门及世界顶级富豪，作为政府首脑、富豪专机出行使用。航线型公务机的市场受众特征决定了该公务机必须满足客户行程远、载重量大的需求，因此，能满足该市场要求的航线型公务机主要是空客公司的ACJ系列和波音公司的BBJ系列机型。

1. ACJ系列

（1）型号概况

空客公务机（ACJ）系列是从A3XX系列飞机衍生而来的，基础型是ACJ319。空客公务机加强了机体结构，在货舱增加了额外的油箱，增加了航程，可进行洲际飞行，同时具有更高的巡航高度（12500m），并装有自备式登机舷梯使飞机更具独立性，安装了更大推力的发动机，具有更好的起飞性能。ACJ318可以搭载8名乘客，不经停飞行7800km，相当于从伦敦到纽约的距离。ACJ319可以不经停飞行12000km，相当于从巴黎到洛杉矶的距离，如图4-6所示。ACJ320可搭乘8名乘客，不经停飞行8000km。

空客公务机系列拥有通用的空客驾驶舱和电传操纵系统，能够为客户节省培训费用。与此同时，空客公务机还具有其他优点，例如先进的气动设计可以节省燃料，复合材料的使用能够减轻重量，集中化的维修可以节约维修成本，Ⅲ类B自动着陆系统可以使飞机在能见度很差的情况下成功着陆。这些优点使得ACJ能够满足客户的各种需求，无论是作为使用者拥有的第一架公务

图4-6　ACJ319公务机

机还是用以替换较小的飞机，都是适合的。搭乘者每一次出行都能享受优异的舒适性、宽敞的空间以及在旅途中可以充分自由活动的空间。空客ACJ318、ACJ319及ACJ320型公务机可提供19～50个座位，并可以根据客户需求配置，比传统公务机具有更多的座位设置余度，适合搭载企业员工、家庭成员和政府团队的出行。另外，空客ACJ318、ACJ319（图4-7）及ACJ320可提供更大的空间，乘客可在客舱内处理公务而不受其他乘客打扰，与传统公务机相比，更有利于乘客充分利用旅途中的时间。正因为ACJ公务机是由使用非常广泛也非常成功的A320飞机系列衍生而来，拥有坚固的机身，可靠率达99.9%。

图4-7　ACJ319客舱布局

为满足公务机客户搭载更多乘客的需求，空客还提供一系列由空客其他宽体机型衍生而来的贵宾型公务机，包括ACJ330和ACJ340、ACJ350和ACJ380。

目前，空客已获得170多架公务机订单，包括110多架ACJ318、ACJ319和ACJ320，以及60多架贵宾及政府宽体公务机。

（2）主要型号

窄体机型：

ACJ318：以A318为基础改装的公务机，曾被称为A318精英型，载客1～18名。

ACJ319：以A319为基础改装的公务机，曾是ACJ系列的基础机型，载客19～50名。

ACJ320：以A320为基础的公务机，曾被称为A320贵宾型，标准载客30名。

ACJ321：以A321为基础的公务机，满载航程可达8500km。

宽体机型：

ACJ330：以A330为基础的公务机，最大航程可达15400km。

ACJ340：以A340为基础的公务机，最大航程是14300～18500km。

ACJ350：以A350为基础的公务机。

ACJ380"空中宫殿"：以A380为基础的公务机，主要客户目标是国家首脑、王室成员。

（3）性能数据

ACJ319性能数据见表4-1。

表4-1　ACJ319性能数据

尺寸	机长33.84m，翼展34.09m，机高11.76m，机身宽3.96m
重量	最大起飞总重75500kg
性能	巡航速度848km/h，实用升限12500m，最大航程12000km
动力装置	2台CFM公司生产的CFM56-5或IAE公司生产的V2500涡扇发动机

2. BBJ系列

（1）型号概况

1996年7月，为满足市场需求，波音公司与GE公司建立合资企业波音公务喷气式飞机公司，开始波音公务机的研制开发工作，1997年10月正式启动BBJ（Boeing Busines Jets）计划。以新一代波音737为原型机，设计上采用了融合型翼梢小翼，有9个辅助油箱，动力装置仍选用GE公司的CFM56-7系列发动机。现今的波音公务机除波音737外，已扩展至波音777、波音787和波音747-8洲际客机，如图4-8所示。

图4-8　BBJ公务机

波音公务机最初指采用公务机内部布局以提供私人服务的波音737。BBJ1是在波音737-700基础上进行改装的，BBJ2和BBJ3的基础型号则分别为波音737-800和波音737-900ER。

波音公务机在普通波音737基础上的改装项目包括：翼梢小翼作为标准配置安装（普通波音737翼梢小翼是选装配置部件）；自带登机梯，以便乘客在地面服务设施不足的机场登离机；增设行李舱油箱，以保证洲际航程；通过双发延程ETOPS-180认证。

（2）主要型号

窄体机型：

BBJ1：在波音737-700的基础上改装而来，也是BBJ系列的第一个型号。

BBJ2：在波音737-800的基础上改装的型号。

BBJ3：在波音737-900ER的基础上改装的型号。

BBJC：BBJ的快速改装机型，以波音737-700C为基础改装而来，此型机可在公务机与货运型之间进行转换。

BBJ MAX8/BBJ MAX9：计划中的波音737 MAX8和MAX9的公务机型号。

宽体机型：

波音747 VIP：波音747-8的公务机型号。该机在交付时是没有任何内饰的"绿飞机"，因此用户可按个人爱好设计内饰。该型航程为17150km。

波音777 VIP：波音777的公务机型号，是波音777-200LR的改进型，航程为18700km，目前已生产2架。

波音787 VIP：在波音787基础上的公务机改型。与波音747 VIP一样，交付时也没有任何内饰。波音787 VIP-8型的航程为17760km，波音787 VIP-9型的航程为18430km。

（3）性能数据

BBJ1性能数据见表4-2。

表4-2　BBJ1性能数据

乘员	机组人员4名，载客8～63名
尺寸	机长33.63m，翼展35.79m，机高12.57m
重量	最大起飞总重77560kg
性能	最大巡航速度890km/h，最大航程11500km
动力装置	2台CFM56-7涡扇发动机，单台推力117.4kN

二、远程型公务机

与航线型公务机相比，远程型公务机除机体稍小、载重相对较低外，在航速航程方面完全可以媲美甚至能更优，价格也更有优势，这些特征也为远程型公务机市场客户所看重。目前，远程型公务机代表型号有庞巴迪宇航集团生产的"环球快车"系列，达索飞机制造公司生产的"猎鹰"7X和8X，巴西航空工业公司生产的"世袭"1000，湾流宇航公司生产的"湾流"G550、G650、G800等。

1. 环球快车

（1）型号概况

"环球快车"（Global Express）是一款由庞巴迪宇航集团生产的远程公务机，如图4-9所示。该机型于1993年12月20日启动研发，于1996年10月13日进行首飞，1998年7月31日获得加拿大适航证，1998年11月获得美国适航证，1999年第一季度完成首架交付。"环球快车"的航程很长，它能在全球任意两个点之间飞行，并且最多只需一次加油。它能不停歇地完成如悉尼—洛杉矶、纽约—东京、台北—芝加哥的远程国际航线。"环球快车"的主要竞争目标是"湾流"系列、BBJ和ACJ。

M4-1　环球7000公务机

图4-9　"环球快车"公务机

"环球快车"与庞巴迪宇航集团生产的支线客机具有相同的机身截面，机身长度也近似，但除外形上的相似之外，两个系列却因承担的任务不同而有着很大的差异。"环球快车"采用先进的全新超临界机翼以及T形尾翼。装2台带有全权限数字式发动机控制系统（FADEC）的罗罗公司生产的BR-710涡扇发动机。采用了霍尼韦尔公司生产的Primus 2000XP电子飞行仪表系统，并可选装平视显示器和头部追踪显示器。机舱内可配备厨房、机组休息室、工作间、会议/休闲/餐厅区域及一个大包房（配有折叠床、卫生间、浴室和衣橱）。如果采用高密度公务室布局，能容纳30名乘客。

（2）主要型号

"环球快车"BD-700：基本型。

"环球"5000（Global 5000）BD-700-1A11：基本型的改型，前机身缩短了0.813m，最大航程有所缩短。最大载客量为19人。

环球6000（Global 6000）：原称"环球快车"XRS（Global Expess XRS），是基本型的改进版，提高了巡航速度，加大航程，并采用改进的机舱布局及照明。

"环球"7000（Global 7000）：宽敞奢华的客舱与7300海里的航程能力完美地结合在一起，开创了新的产品类别。

"环球"8000（Global 8000）：三舱布局，拥有优异的7900海里航程能力。

（3）性能数据

"环球快车"BD-700性能数据见表4-3。

表4-3 "环球快车"BD-700性能数据

乘员	机组人员3~4名，典型布局能容纳18名乘客
尺寸	机长30.3m，翼展（含翼梢小翼）28.5m，机高12.57m，机翼面积94.9m^2
重量	运营空重22135kg，最大起飞重量43091kg
性能	最大巡航速度935km/h，正常巡航速度904km/h，远程巡航速度850km/h，航程12400km（远程巡航速度，有余油）、12040km（正常巡航速度）、9860km（正常巡航速度，满载）、10160km（远程巡航速度，满载）
动力装置	2台罗罗公司生产的BR-710A-220涡扇发动机，单台推力66.1kN

2."猎鹰"7X

（1）型号概况

达索飞机制造公司制造的"猎鹰"7X是一种大型远程喷气公务机（图4-10），是达索飞机制造公司生产的喷气公务机系列的旗舰产品。2005年在巴黎航展上第一次向公众展示。

图4-10 "猎鹰"7X公务机

2005年5月5日"猎鹰"7X原型机首飞，2007年4月27日获得美国联邦航空管理局和欧洲航空安全局颁发的型号认证，2007年6月15日正式投入使用，2010年11月交付了第100架"猎鹰"7X。

（2）设计特点

"猎鹰"7X使用三发布局，3台发动机呈品字形安置在后机身，中间发动机由垂尾下端的进气口引气，进气口通过S形的导气管与发动机相连。"猎鹰"7X的机翼还采用了装有翼梢小翼的设计。

"猎鹰"7X是第一种完全实现电传操纵的喷气式公务机，它配置了与"猎鹰"900EX、"猎鹰"2000EX相同的航电设备，包括霍尼韦尔公司生产的Primus EPIC、EASy航电系统以及可选装的驾驶员平视显示系统。"猎鹰"7X广泛应用了计算机辅助设计，达索飞机制造公司声称它是"第一种完全在虚拟平台上完成设计的飞机"。它的设计工作由达索飞机制造公司的CATIA和PLM（产品周期管理）系统完成，如图4-11所示。

图4-11 "猎鹰"7X先进的驾驶舱

（3）性能数据

"猎鹰"7X性能数据见表4-4。

表4-4 "猎鹰"7X性能数据

乘员	机组人员2名，乘客14名（最多）
尺寸	机长23.19m，翼展26.21m，机高7.83m，机翼面积70.7m²
重量	空重15456kg，最大起飞重量31750kg
性能	最大速度953km/h，巡航速度900km/h，航程11019km，实用升限15545m
动力装置	3台普·惠加拿大公司生产的PW307A涡扇发动机，单台推力28.46kN

3．"湾流"G650

（1）型号概况

"湾流"G650（Gulfstream G650）系列是湾流宇航公司在G500/550基础上研制生产的新型超远型公务机，如图4-12所示。该机首飞于2009年下半年，2011年获得美国和欧洲颁发的适航证，2012年交付使用。它采用的是罗罗公司生产的BR725发动机，在颤振试验中的时速达到0.995马赫，成为继协和式飞机之后民用航空中飞行速度最快的飞机。G650飞机最大巡航速度为0.925马

图4-12 "湾流"G650公务机

赫，在速度0.85马赫时航程可达近13000km，拥有本级别飞机中最大的座舱。现有400多架投入运营，并创下110多项世界速度纪录，已跻身全球备受信赖公务机之列。

作为世界上用途最广的喷气公务机，"湾流"G650无论在哪方面提供的都是最完善的软硬件。就连传统飞机的最大敌人——高海拔机场及大风等特殊天气条件下起降，都很少能对"湾流"G650产生影响。作为交通工具，"湾流"G650忠实地执行着它的本职工作，在任何时候都能把乘客安全快速地送到地球上任何其想去的地方。

（2）设计特点

G650以罗罗公司生产的最大推力为16900磅（75.2kN）的BR725发动机为动力，该发动机比BR710（G550的动力）功率大4.6%。新的后掠叶片风扇减小燃油燃烧和噪声，而新的燃烧室降低排放。G650是天空中技术最先进的商用飞机之一。在G650飞机诞生的同时也创立了很多标准：拥有先进的、比"湾流"G550更大面积的高速机翼和较大的后掠角，流线型低阻机翼有助于提升速度、航程和效率；电传飞控技术让飞行舒适惬意；PlaneView™Ⅱ驾驶舱可将增强数据显示在简洁的显示屏上，在提升安全性的同时，减少了飞行员工作强度；新的安全和性能升级包括大角度进近认证和湾流增强飞行视景系统（EFVS），使用该系统时，取得资质的飞行员无需自然视景即可在低能见度条件下安全着陆。简而言之，这些先进的技术提高了驾驶员的形势意识，提高了飞机的安全性。"湾流"G650的驾驶舱如图4-13所示。

图4-13　"湾流"G650的驾驶舱

（3）性能数据

G650性能数据见表4-5。

表4-5　G650性能数据

乘员	机组人员3～4名，乘客13～19名（客舱不同布局）
尺寸	机长30.4m，翼展30.35m，机高7.82m
重量	基本飞行重量24494kg，最大起飞重量45178kg
性能	最大巡航速度0.925马赫，标准巡航速度0.9马赫，远程巡航速度0.85马赫，最大航程12964km，实用升限15545m
动力装置	2台罗罗公司生产的BR725涡扇发动机，单台推力75.2kN

三、大型公务机

大型公务机一般载客量超过10人，航程达6000～8000km。代表机型有庞巴迪宇航集团生产的"挑战者"650、达索飞机制造公司生产的"猎鹰"900、湾流宇航公司生产的"湾流"G450等。

1."猎鹰"900

（1）型号概况

"猎鹰"900（Falcon 900）是达索飞机制造公司研制的三发喷气公务机（图4-14），最多可载客19人，原型机于1984年9月21日首飞，1986年3月获得法国和美国的适航证，1986年12月开始交付使用。改进型"猎鹰"900EX型于1994年10月开始研制，采用了推力更大的TFE731-60发动机，增加了载油量和航程，使用Primus 2000仪表飞行系统，原型机在1995年6月1日首飞，1996年11月开始交付使用。

M4-2 "猎鹰"900 LX

图4-14 "猎鹰"900公务机

虽然"猎鹰"900与"猎鹰"50的整体布局类似，但"猎鹰"900拥有全新的，更大、更宽的客舱，客舱内每排可布置3个座椅。"猎鹰"900的机翼采用了超临界翼型。"猎鹰"900在总体设计上考虑了减重因素，运用计算机辅助设计，在结构上采用了较多的复合材料。

（2）设计特点

"猎鹰"900采用后掠式下单翼，尾部装3台霍尼韦尔公司生产的TFE731-60发动机，2台在机身后部两侧，1台安在垂尾根部，机身两侧每侧有12个客舱窗，十字形尾翼，垂尾、平尾都为后掠式。

与"猎鹰"900相比，1991年生产的"猎鹰"900B航程更远，装有推力更大的发动机以及能在Ⅱ类能见度条件下自动着陆的设备。延程型"猎鹰"900EX项目始于1994年10月，它装有TFE731-60发动机以及霍尼韦尔公司生产的Primus 2000电子飞行仪表系统，能装载更多的燃油，具有更大的航程。"猎鹰"900EX于1995年6月1日首飞，1996年5月完成首次交付。"猎鹰"900最新款机型是"猎鹰"900C，该机型于1998年对外公布。"猎鹰"900C是在"猎鹰"900B的基础上开发而来的替代型，它的配置与"猎鹰"900EX很相似，但是没有油门自动控制系统。"猎鹰"900C于2000年开始交付用户。从2003年开始，"猎鹰"900EX开始使用EASy航电设备，并配有4台彩色显示器及综合控制器和多功能面板。

（3）主要型号

"猎鹰"900：基本型。

"猎鹰"900B：增大了发动机推力，增加了航程。

"猎鹰"900C：采用"猎鹰"900EX的航电设备的改进型。

"猎鹰"900DX：安装"猎鹰"900EX的TFE731-60发动机，采用EASy驾驶舱。

"猎鹰"900EX：延长了航程，进一步增大了发动机推力。

（4）性能数据

"猎鹰"900B性能数据见表4-6。

表4-6 "猎鹰"900B性能数据

乘员	机组人员2名+乘客19名（最多）
尺寸	翼展19.33m，机长20.21m，机高7.55m
重量	空重10255kg，最大起飞重量20640kg
性能	最大飞行速度1066km/h，最大航程7400km
动力装置	3台霍尼韦尔公司生产的TFE731-5BR-1C涡扇发动机，单台推力21.13kN

2．"湾流"G450

（1）型号概况

"湾流"G450是在"湾流"G400的基础上发展的升级版本（图4-15），与"湾流"G400相比，湾流G450引入了先进的驾驶舱技术，采用先进的电子飞行仪表系统，同时改善了客舱环境和舒适度，进一步增加了航程。推出"湾流"G450后，"湾流"G400就不再生产。"湾流"G450是同级别公务机中机舱空间最大的远程公务机，它由曾经获得过2003年世界航空界至高荣誉的"罗伯特·科利尔奖"的团队研发完成。

图4-15 "湾流"G450公务机

（2）设计特点

"湾流"G450配备有6台显示器的霍尼韦尔电子飞行仪表系统，如图4-16所示。此外，该机采用了最先进的PlaneView驾驶舱和增强型视景系统，使用了罗罗公司生产的Tay611-8C涡扇发动机。"湾流"G450乘客座舱集现代性、舒适性和适用性于一体，它有3个可独立调节温度的区域，能提供100%的新鲜空气，共有12个椭圆形全视野机舱窗。

图4-16 "湾流"G450的驾驶舱

（3）性能数据

"湾流"G450性能数据见表4-7。

表4-7 "湾流"G450性能数据

乘员	机组人员2名，乘客12～16名
尺寸	机长27.2m，翼展23.7m，机高7.67m
重量	空重19500kg，最大起飞重量33500kg
性能	巡航速度850km/h，最大速度935km/h，航程8060km，实用升限13700m
动力装置	2台罗罗公司生产的Tay611-8C涡扇发动机，单台推力62kN

四、超中型公务机

超中型公务机一般能载客8～10人，航程在6000km左右。代表机型有巴西航空工业公司生产的"莱格赛"600、庞巴迪宇航集团生产的"挑战者"350、湾流宇航公司生产的"湾流"G280等。

1."莱格赛"600

（1）型号概况

巴西航空工业公司生产的"莱格赛"600是由其旗下的ERJ135支线客机衍生而来的一种喷气公务机（图4-17），于2001年3月首飞。"莱格赛"600在ERJ135系列的基础上增加了机翼油箱容量，加大了航程；增加了翼梢小翼，以减小空气阻力。

M4-3 "莱格赛"600

图4-17 "莱格赛"600公务机

"莱格赛"600的市场竞争定位是比大型公务机稍小，而比中型公务机更大的机型，在同类产品中被誉为超中型公务机，也是庞巴迪宇航集团制造的"挑战者"系列飞机强有力的竞争对手。值得注意的是，"莱格赛"600的设计源自ERJ系列的支线喷气式飞机，恰恰与之相反，庞巴迪宇航集团生产的"挑战者"公务机却发展成为CRJ系列支线飞机。

（2）设计特点

"莱格赛"600是在ERJ135飞机的设计基础上换装了EMB-145飞机的Mark Ⅰ驾驶舱，采用霍尼韦尔公司生产的最先进的Primus 1000电子设备及全玻璃座舱。由于在行李舱后部以及机翼和翼梢小翼的前端增加了油箱，并经过降阻优化改进，"莱格赛"600的航程得到增加。该机型的取证飞行高度是12000m，也可根据不同选型设定在11000m。

"莱格赛"600在其标准布局的三个独立客舱空间中可让13位旅客享受舒适飞行和私密空间。飞机上还有高速数据传输（HSD）设备和无线网络（Wi-Fi）技术供选装，可使乘客在飞行中轻松浏览因特网、收发邮件和传送文件，不仅能享受更多娱乐功能，还可节省时间，提高工作效率。"莱格赛"600喷气公务机机尾有一个大型行李舱，在飞行途中可轻松进出行李舱。

（3）性能数据

"莱格赛"600性能数据见表4-8。

表4-8 "莱格赛"600性能数据

乘员	机组人员3名，乘客13名
尺寸	机长26.33m，翼展21.17m，机高6.76m
重量	空重16000kg，最大起飞重量22500kg
性能	最大速度834km/h，航程6060km，实用升限12496m
动力装置	2台罗罗公司生产的AE3007/A1P涡扇发动机，单台推力39.2kN

2."挑战者"350

（1）型号概况

"挑战者"350（Challenger 350）是庞巴迪宇航集团生产的喷气超中型公务机（图4-18），作为唯一可实现满油、满座、满航程的超中型公务机，"挑战者"350飞机可为乘客带来坐拥一切的奢华体验。得益于其杰出的短跑道起降性能，该机型能够在20min内迅速直接爬升至43000英尺（13106m）高空，有助于将乘客更高效地送达目的地。

图4-18 "挑战者"350公务机

（2）设计特点

"挑战者"350装有2台霍尼韦尔公司生产的HTF7350涡扇发动机。驾驶舱配备了柯林斯Pro Line4航电系统、惯性导航系统、防撞系统、近地告警系统和WXR-840彩色气象雷达，还有一个全数字化的电子飞行仪表系统、一个飞行管理系统以及一个双屏幕发动机指示和机组告警系统，如图4-19所示。

图4-19 "挑战者"350驾驶舱

"挑战者"350飞机拥有世界一流设计，提供顶级舒适性。先进的隔音技术使其客舱内声音级别为超中型机中最低，让客户享受轻松飞行。宽敞时尚的客舱和业界领先的连接性能，确保乘客享受终极的公务机体验。提供平视显示器（HUD）和增强视景系统（EVS）选装项。配备业界最先进的气象雷达系统和同级别最完备的驾驶舱，满足现在和未来的导航要求。

（3）性能数据

"挑战者"350性能数据见表4-9。

表4-9 "挑战者"350性能数据

乘员	机组人员2名，乘客8名
尺寸	机长20.9m，翼展21.0m，机高6.10m
重量	最大商载1542kg，最大起飞重量18416kg
性能	最大巡航速度980km/h，最大航程5926km
动力装置	2台霍尼韦尔公司生产的HTF7350涡扇发动机，单台推力33kN

五、中型公务机

中型公务机的典型机型有赛斯纳飞行器公司生产的"奖状纬度""奖状经度""奖状君主"，巴西航空工业公司生产的Praetor 600，湾流宇航公司生产的"湾流"G150，庞巴迪宇航集团生产的"里尔"75等。

1. 奖状君主

（1）型号概况

"奖状君主"是赛斯纳飞行器公司在"奖状优胜"的基础上研发的中型公务机（图4-20），是为了满足达索飞机制造公司生产的"猎鹰"10、以色列宇航工业公司生产的"西风"等公务机老化退役后的庞大市场需求而研发的。该机使用了创新的设计与制造程序，2004年6月2日获得美国适航证并开始交付。从2004年开始，赛斯纳飞行器公司已经交付了300多架"奖状君主"飞机。

M4-4 奖状君主

图4-20 "奖状君主"公务机

（2）设计特点

"奖状君主"以"奖状优胜"的机身为基础，并具有与"奖状优胜"相同的系统，仅全新设计的机翼和其他修改的部分与"奖状优胜"有差异，比"奖状优胜"机身加长了1.5m。赛斯纳飞行器公司宣称"奖状君主"的8座客舱是同级飞机中空间最大的。后掠机翼是在"奖状"系列机型经验上的全新设计，平尾也采用后掠式，具有良好的起降性能，能够以最大起飞重量在1220m长的跑道上起飞。

"奖状君主"的动力是2台单台推力25.3kN、装有全权限数字式发动机控制系统的普·惠加拿大公司生产的PW306C发动机，该发动机在维护和可靠性方面都有优势。安装霍尼韦尔公司生产的Epic CDS航电系统，包括4台液晶平板显示器、1个数字式双通道自动驾驶仪以及飞行指引仪，2个远程导航系统和2个姿态/航向基准系统。其他标准设备还包括空中交通预警和防撞系统（TCAS）以及1个增强型近地告警系统（EGPWS）。"奖状君主"驾驶舱如图4-21所示。

图4-21 "奖状君主"驾驶舱

（3）性能数据

"奖状君主"性能数据见表4-10。

表4-10 "奖状君主"性能数据

乘员	机组人员2名，乘客8名（典型布局）/12名（最多）
尺寸	机长18.87m，翼展19.24m，机高5.85m，机翼面积47.4m^2
重量	空重8029kg，最大起飞重量13744kg，最大载荷1134kg
性能	最大巡航速度821km/h，最大速度0.8马赫，最大升限14330m，航程5273km
动力装置	2台普·惠加拿大公司生产的PW306C涡扇发动机，单台推力25.3kN

2．"湾流"G150

（1）型号概况

"湾流"G150是由湾流宇航公司与以色列宇航工业公司联合设计制造的，如图4-22所示。其是以"湾流"G100为基础，通过全面的改进设计，使用先进的电子设备和高性能发动机，加宽机身，提高客舱舒适度，最终推出的新型公务机，是湾流家族中体型最娇小的机型。2005年1月，首架"湾流"G150在以色列宇航工业公司生产出厂，2005年5月完成首飞。2005年11月，"湾流"G150获得以色列民航局和美国联邦航空管理局颁发的型号认证。

图4-22 "湾流"G150公务机

"湾流"G150采用大推力、高燃油效率的霍尼韦尔公司生产的TFE731-40AR发动机，同时在空气动力方面做了一系列改进设计，是目前世界上速度最快的中型商务飞机。航程最远、航速最快、先进的航电装置、最舒适的机舱环境，让"湾流"G150成为同级别飞机中最有价值的机型。

（2）设计特点

"湾流"G150在"湾流"G100的基础上加大、加宽了机身，选用2台霍尼韦尔公司生产的

TFE731-40AR涡扇发动机。该机配备了集成湾流的光标控制装置的罗克韦尔·柯林斯公司生产的ProLine 21航电系统，可以选装俯视显示增强型视景系统和发动机自动油门系统。该中型喷气机还提供了诸多提高安全性的选装项，包括广域增强系统——带垂直引导的航向台（WAAS-LPV）。在舱内布局方面，有3种可以容纳6～8名乘客的布局方案供选择。环境方面，大型椭圆形窗户从视觉上扩展了舱内环境，增加了采光。"湾流"G150豪华客舱如图4-23所示。

图4-23　"湾流"G150豪华客舱

（3）性能数据

"湾流"G150性能数据见表4-11。

表4-11　"湾流"G150性能数据

乘员	机组人员2名，乘客6～8名
尺寸	翼展16.94m，机长17.30m，机高5.82m
重量	有效载荷1089kg，最大起飞重量11839kg
性能	最大速度0.85马赫，巡航速度805km/h，航程5467km，实用升限13716m
动力装置	2台霍尼韦尔公司生产的TFE731-40AR涡扇发动机，单台推力28.66kN

六、轻中型公务机

轻中型公务机的代表机型有赛斯纳飞行器公司生产的"奖状优胜"和"奖状"XLS，皮拉图斯飞机公司生产的PC-24，豪客·比奇公司生产的"空中国王"300/350、"豪客"800，庞巴迪宇航集团生产的"里尔"45等。

1. "奖状优胜"/"奖状"XLS

（1）型号概况

"奖状优胜"是赛斯纳飞行器公司生产的入门级中型公务机，如图4-24所示。"奖状优胜"将"奖状"X宽敞舒适的客舱设计引入中小机型中。1996年，"奖状优胜"获得美国适航证并在1997年开始交付。由于在同类中型公务机中购买和使用成本最低，舒适而经济，因此"奖状优胜"一经推出，即深受市场喜爱，连续多年供不应求。

2003年10月，赛斯纳飞行器公司在当年美国国家公务机协会年会上宣布对世界最畅销的喷气式公务机"奖状优胜"再做改进，编号从560XL变为560XLS，名称仍采用"奖状优胜"。为方便区别，新型的"奖状优胜"被简称为"奖状"XLS。

（2）设计特点

"奖状优胜"是以缩短机身的"奖状"X为基础，并结合以"超级奖状"为基础的内翼段增大后掠角的双后掠角机翼、"奖状"V的十字形布局尾翼改进而来的。安装普·惠加拿大公司生

图4-24 "奖状优胜"公务机

产的新型PW545A涡扇发动机。其他在设计上的特点还包括跪式缓冲主起落架和标准的霍尼韦尔公司生产的Primus 1000电子飞行仪表系统。"奖状优胜"之所以被归类在轻中型公务机,是因为"奖状优胜"的客舱是轻型公务机中最大的。其客舱高度可以让乘客完全站直,还有贯穿整个主客舱的过道,座椅的头部和肘部空间比"奖状"Ⅰ和"奖状"Ⅴ更大,而其客舱长度则与"奖状"Ⅰ、"奖状"Ⅱ、"奖状"Ⅵ和"奖状"Ⅶ类似。

"奖状"XLS是在"奖状优胜"基础上进行了一些改进:发动机由PW545A改为PW545B,单台推力增加0.832kN;改用全新的Primus 1000 CDS航电系统作为标准配置,拥有3块加大的显示屏幕;仪表系统由2台综合仪表计算机控制,每台计算机都有多项功能,包括飞行指挥和自动驾驶系统,该系统还装了霍尼韦尔公司的应急下降模式,当舱内压力下降时,为保护机组人员和乘客,飞行控制系统自动控制飞机迅速下降到4600m高度。

(3)性能数据

"奖状优胜"性能数据见表4-12。

表4-12 "奖状优胜"性能数据

乘员	机组人员2名,乘客10名
尺寸	翼展16.98m,机长15.79m,机高5.24m,机翼面积34.5m²
重量	空重5402kg,最大起飞重量9071kg
性能	最大巡航速度795km/h,最大航程3853km(2名机组+4名乘客,有余油,经济巡航速度),最大认证升限13700m
动力装置	2台普·惠加拿大公司生产的PW545A涡扇发动机,单台推力16.9kN

2. PC-24

(1)型号概况

PC-24是皮拉图斯飞机公司生产的首款双发飞机(图4-25),也是该公司向公务机领域发起挑战的首款机型。2014年,PC-24在瑞士首次推出,在36h内就预售出84架,但受限于产能等条件,直到2019年中期,皮拉图斯飞机公司才开始准备重新开售PC-24飞机。2018年1月交付美国客户PlaneSense公司订购的6架中的第一架,2020年中期完成首批订单84架飞机中的最后一架交付。PC-24有PC-21高级教练机般优雅的机身,也有PC-12一般的短距离起降能力。值得注意的是,这款飞机的每侧主起落架拥有两个机轮,它们配有低气压轮胎和防滑刹车系统。

PC-24能够满足货运、救援、通勤甚至特殊任务等多种用途,根据不同的功用,飞机可以选择6~10座,甚至是无座的纯货运布局,当然,也可以混搭为半货运、半通勤布局。

(2)设计特点

为了兼顾高速和低速性能,飞机的机翼仍为传统翼型,前后两侧都装配了富勒襟翼和减

M4-5 PC-24公务机

图4-25 PC-24公务机

速板,预计飞机在最大起飞重量的情况下失速速度为150km/h,着陆距离为770m,起飞距离为820m或1350m［5000英尺,ISA(国际标准大气)+20℃机场］。为了能在碎石跑道上起降,PC-24的前轮配有专用套件,它们能阻止碎石被发动机吸入;另外,飞机的襟翼经过装甲强化,从而保护机翼不会被主起落架扬起的碎石击损。

PC-24的客舱比"奖状"XLS+大,但是比豪客900XP小。客舱内拥有中型公务机中最大的舷窗。客舱尾部的内部行李舱容积为1444~2549L,具体取决于客舱的布局。与一般的中型公务机不同,PC-24的客舱为水平地板,另外同时拥有前部的舱门和尾部的行李舱门。PC-24采用威廉姆斯国际公司生产的FJ44-4A涡扇发动机,驾驶舱内搭载了霍尼韦尔公司生产的第二代APEX航电系统,它的操作面板上有4块12英寸的显示屏,Laseref IRS、AHRS、EGPWS、TCAS Ⅱ、自动油门、LPV、RNPO.3和图表飞行计划均为标准配置。此外,客户还可以为其选装霍尼韦尔公司生产的SmartView综合视景系统。

(3)性能数据

PC-24性能数据见表4-13。

表4-13 PC-24性能数据

乘员	机组人员2名,乘客6名
尺寸	机长18.87m,翼展19.24m,机高5.85m,机翼面积47.4m^2
重量	空重6100kg,最大起飞重量8050kg,最大载荷1135kg
性能	最大巡航速度790km/h,最大升限13716m,航程3610km
动力装置	2台威廉姆斯国际公司生产的FJ44-4A涡扇发动机,单台推力25.3kN

3."空中国王"300/350

(1)型号概况

"空中国王"300是一种双发涡桨式客货机/公务机,它是"空中国王"B200型的改进型。"空中国王"300于1980年8月开始设计,1982年11月开始制造,1983年9月首飞,1984年1月24日取得美国联邦航空管理局颁发的适航证并开始交付使用。首架"空中国王"350于1988年9月首飞(图4-26),1990年3月开始交付使用。

新型"空中国王"350i于2009年12月获得美国联邦航空管理局颁发的适航证,并于12月底交付客户。新一代"空中国王"350i,凭借其多样性和能力,成为当之无愧的舒适性最好的飞机之一。"空中国王"350i的豪华客舱可以搭载8名乘客,加温加压,飞行中可存取的行李区是同级别机型中最大的。具备高品质的客舱管理系统和信息娱乐系统,能保证每一名乘客都可以使用私人电子设备处理工作或享受个性化的机上娱乐节目。"空中国王"350iER是350i的增强版,是一种能胜任更远的航程或特别任务的高性能机种,可通过定制改装,满足客户各式各样的长途或高

第四章 尊享与高效：全球主要公务机

图4-26 "空中国王"350

技术任务需要。

（2）设计特点

"空中国王"300在"空中国王"B200的基础上进行大量改进：换装2台1065马力的普·惠加拿大公司生产的PT6A-60A涡桨发动机，最大起飞重量和最大着陆重量增加到符合美国联邦航空管理局颁布的特别联邦航空条例的标准，发动机进气口面积减小，发动机喷口部分经气动整流处理，内段机翼的前缘向前延伸，螺旋桨前移；内部布置和设备也做了大量修改。

"空中国王"350是在"空中国王"300基础上的改进型，改进之处包括：机身加长了0.86m，两侧各增加了2个窗户，在2名驾驶员时载客11名，1名驾驶员时载客12名。同时，高性能的发动机、富勒襟翼和结实的双轮胎主起落架，赋予了"空中国王"350出色的短距起降性能，使它可以在短至1000m的跑道上以最大重量起降。

（3）性能数据

"空中国王"350性能数据见表4-14。

表4-14 "空中国王"350性能数据

乘员	机组人员1～2名，乘客11～12名
尺寸	翼展17.65m，机长14.22m，机高4.37m，机翼面积34.5m^2
重量	空重4105kg，最大起飞/着陆重量6804kg
性能	最大平飞速度582km/h，巡航速度562km/h，失速速度150km/h，海平面最大爬升率15.13m/s，实用升限10670m，航程1932～3776km
动力装置	2台普·惠加拿大公司生产的PT6A-60A涡桨发动机，单台推力4.7kN

七、轻型公务机

轻型公务机的主要代表机型有赛斯纳飞行器公司生产的"奖状喷气"/"奖状"CJ系列、豪客·比奇公司生产的"首相"Ⅰ、庞巴迪宇航集团生产的"里尔"40及巴西航空工业公司生产的"飞鸿"300等。

1."奖状喷气"/"奖状"CJ系列

（1）型号概况

赛斯纳飞行器公司在1989年的美国国家公务机协会展会上展示了新型的"赛斯纳"525"奖状喷气"飞机。1991年4月29日该机进行了首飞，1992年10月16日获得了美国联邦航空管理局颁发的适航证，并在1993年3月30日交付了第一架。"奖状"CJ1和"奖状"CJ2是在"奖状喷气"基础上分别进行了改进和机身加长的改型。如图4-27所示。

"奖状"CJ3是赛斯纳飞行器公司在2002年9月美国国家公务机协会年会上公布的CJ系列中相对较大的轻型喷气式公务机，如图4-28所示。"奖状"CJ3继承"奖状"CJ系列飞机的成功设计，是新一代轻型公务机的代表作。"奖状"CJ3是率先采用全权限数字式发动机控制系统的发动机，将Pro Line航电系统作为标准配备，为"奖状"CJ系列奠定了统一模式。它以新技术、新装备和更优良的性能，取代了曾畅销多年的"奖状"和"奖状喝彩"。

图4-27 "奖状"CJ2公务机

M4-6 "奖状"CJ3

图4-28 "奖状"CJ3公务机

"奖状"CJ4于2006年10月公布（图4-29），2009年年底取证，2010年年初开始交付。"奖状"CJ4具有与"奖状加演"相同的客舱尺寸，而且速度更快、航程更长、驾驶与乘坐更舒适。"奖状"CJ4的推出使得"奖状"CJ轻型公务机形成完整系列。

图4-29 "奖状"CJ4公务机

（2）设计特点

"奖状喷气"采用与"奖状"相同的前机身，改用T形垂尾和新翼型的机翼，使用威廉姆斯国际公司生产的FJ44涡扇发动机（带有叶片式反推装置）和跪式缓冲主起落架。"奖状喷气"的机身比"奖状"/"奖状"Ⅰ的机身缩短了27cm，而客舱中央过道的高度却有所增加。该机型还安装了电子飞行仪表系统并获得了单驾驶员飞行认证。"奖状"CJ1是"奖状喷气"的替代型号，在该机型上安装了Pro Line 21电子飞行仪表系统并适当地增加了最大起飞重量。"奖状"CJ2将客舱和尾锥分别加长了89cm和43cm，以便使主客舱中的标准座位数达到6个。与"奖状"CJ1相同，"奖状"CJ2安装了Pro Line 21电子飞行仪表系统，并换装了推力更强劲的FJ44-2C发动机，加大了翼展，增加了尾翼面积，每侧客舱舷窗增加到6个，并同样获得了单驾驶员飞行认证。"奖状"CJ3与"奖状"CJ4也是经过加长机身、更换发动机和提升航电系统的改型。

（3）主要型号

"赛斯纳" 525 "奖状喷气"：初生产型，装FJ44-1A发动机。

"赛斯纳" 525 "奖状" CJ1：升级改进型，升级了航电设备，增加了最大起飞重量，装FJ44-1A发动机。

"赛斯纳" 525 "奖状" CJ1+：采用具有全权限数字式发动机控制系统的FJ44-1AP发动机。

"赛斯纳" 525A "奖状" CJ2：加长改型，装FJ44-2C发动机。

"赛斯纳" 525A "奖状" CJ2+：装FJ44-3A-24发动机。

"赛斯纳" 525B "奖状" CJ3：CJ2基础上的加长型，装FJ44-3A发动机。

"赛斯纳" 525C "奖状" CJ4：进一步加长型，装FJ44-4A发动机。

（4）性能数据

"奖状" CJ1+性能数据见表4-15。

表4-15　"奖状" CJ1+性能数据

乘员	驾驶员1名，乘客9名
尺寸	机长12.98m，翼展14.3m，机高4.19m
重量	空重3069kg，有效载荷1740kg，最大起飞重量4853kg
性能	巡航速度720km/h，失速速度153km/h，航程2408km，实用升限2497m，爬升率1003m/min
动力装置	2台威廉姆斯国际公司生产的FJ44-1AP涡扇发动机，单台推力8.74kN

2. "首相" I

（1）型号概况

"首相" I（公司代号雷神390，见图4-30）是原比奇飞机公司和豪客飞机公司合并组成的雷神飞机公司（后改名为豪客·比奇公司）的第一款全新产品，定位为入门级喷气公务机，其设计目标是要与赛斯纳飞行器公司生产的"奖状"CJ1系列飞机抗衡。

"首相" I 的设计工作开始于1994年年初，1996年后期开工制造，1998年8月进行了首次展示，1998年12月22日首飞，2001年年初"首相" I 获得适航证。2005年9月采用新客舱内饰和系统升级的"首相" IA通过认证。

"首相" I 有着轻型喷气式公务机优异的经济性，同时兼具了更大飞机的性能和品质。作为第一架采用全复合材料机身的轻型公务机，"首相" I 拥有优异的结构强度和超高的抗疲劳性和耐腐蚀性。复合材料不仅节省了大量的空间和重量，还营造了宽敞、安静、舒适的内部空间，它拥有本级别公务机的最大客舱，比相同规格的其他型号大近13%。它集成了一流航电设备，结合其安静的客舱和低廉的运行成本，使其成为市场上最具价值的轻型喷气式公务机。

图4-30　"首相" I 公务机

（2）设计特点

"首相" I 使用CATIA计算机辅助设计，采用蜂窝碳纤维复合材料机身、金属结构机翼、T

形尾翼和2台威廉姆斯国际公司生产的FJ44-2A涡扇发动机。复合材料机身是该机的一个重要特征，强度是航空铝的3倍，重量却轻20%。与相同外部几何尺寸的传统机身相比，复合材料结构还提供了更大（大约大于13%）的客舱内部空间。"首相"Ⅰ飞机经过认证可由1名驾驶员驾驶。驾驶舱装有Pro Line 21电子飞行仪表系统，大型液晶显示屏让飞行员"抬头可见"飞行信息，集成化的仪表系统可让一名飞行员操纵自如。客舱内配有下射灯、可旋转和放平的座椅、后部盥洗室和多种声像娱乐系统。

（3）性能数据

"首相"Ⅰ性能数据见表4-16。

表4-16　"首相"Ⅰ性能数据

乘员	驾驶员1～2名，乘客6～7名
尺寸	翼展13.56m，机长14.02m，机高4.67m，机翼面积22.95m²
重量	空重3627kg，最大起飞重量5670kg
性能	最大速度854km/h，航程2648km，实用升限12500m
动力装置	2台威廉姆斯国际公司生产的FJ44-2A涡扇发动机，单台推力10.23kN

八、超轻型公务机

超轻型喷气机（VLJ）近年来成为公务机市场的新增长点，这种公务机售价较低、载客较少，但很具性价比。代表机型有西锐飞机公司生产的"愿景"SF50、本田飞机公司生产的HA-420、赛斯纳飞行器公司生产的"奖状野马"、巴西航空工业公司生产的"飞鸿"100、中航通用飞机有限责任公司生产的"领世"AG300等。

1. 奖状野马

（1）型号概况

"奖状野马"是赛斯纳飞行器公司研制的一种超轻型喷气公务机（图4-31），其市场定位是同级别螺旋桨公务机的替代机型。"奖状野马"于1996年开始初步设计，2005年4月原型机首飞，2006年9月获得美国联邦航空管理局颁发的适航证，2006年11月开始交付用户。

图4-31　"奖状野马"公务机

"奖状野马"飞机虽小，但公务机应有的装备一应俱全。包括正副驾驶舱、4个可调整旅客座椅、可收放小桌板、特殊情况氧气系统、冰抽屉、储物箱、厕所等，前后都有12V直流电源接口以方便旅客，宽敞的旅客登机门，应急出口，还有飞机前部和后部2个非增压分离行李舱，后行李舱不仅可放行李箱，还可放入高尔夫球杆、滑雪橇等较长物品。

"奖状野马"公务机完全满足现代航空法规对商业运营喷气式飞机在设计、配置和制造方面的安全保证要求，所有性能数据满足或超过原设计指标，为新一代微型喷气式飞机规范了行业标准,其出现标志着赛斯纳飞行器公司引领世界进入超轻型喷气公务机的新时代,预示着世界将有更多企业或私人成为喷气公务机的拥有者。

(2)设计特点

"奖状野马"的下单翼机翼是将"奖状君主"的机翼缩小而来,机翼前缘后掠11°,机翼后缘后掠3°。该机客舱两侧各3个椭圆形窗口,尾吊式发动机安装在机身后部两侧,T形尾翼及水平尾翼后掠,前三点可收放起落架。采用佳明公司生产的G1000驾驶舱航电系统,实现玻璃化驾驶舱,装有2台27.5cm的液晶主显示器和1台38cm的液晶多功能显示器。发动机为2台具有双通道全权数字式控制系统的普·惠加拿大公司生产的PW615F涡扇发动机,该系统在各飞行阶段设定发动机推力后,飞机自动控制增减燃油流量,尤其是在起飞阶段,这既减轻了驾驶员的工作强度,又保证了飞行安全,还大幅提高了燃油效率。

(3)性能数据

"奖状野马"性能数据见表4-17。

表4-17 "奖状野马"性能数据

乘员	驾驶员1~2名,乘客4~5名
尺寸	机长12.37m,翼展13.16m,机高4.09m
重量	空重2522kg,最大起飞重量3930kg
性能	最大速度0.63马赫,航程2161km,实用升限12500m
动力装置	2台普·惠加拿大公司生产的PW615F涡扇发动机,单台推力6.5kN

2. "飞鸿"100

(1)型号概况

巴西航空工业公司生产的"飞鸿"系列喷气公务机项目于2005年启动,其中的超轻型公务机"飞鸿"100于2007年7月完成首飞(图4-32),2008年12月获得巴西和美国适航证,2009年4月获得欧洲航空安全局适航证,2008年12月24日向用户交付首架飞机。该机的直接竞争对手是"奖状野马"和"本田喷气"等。

秉承巴西航空工业公司一贯出色的设计和工程经验,"飞鸿"100具有高可用性和高实用性的优势。"飞鸿"100具有易于操作的驾驶系统和温和稳定的飞行品质,使其能够实现单人驾驶。为增加飞机的安全性和可靠性,该机还配备了具有防滑功能的电传刹车系统。"飞鸿"100喷气公务机能够搭载4名乘客,座椅采用俱乐部式布局。该机后舱行李舱容积为$1.501m^3$,足以存放高尔夫球具包、滑雪袋及各类设施等。此外,前舱的储存区域和机内的衣柜总容积达$0.453m^3$,这样飞机的总行李容积可达$2.0m^3$。

图4-32 "飞鸿"100公务机

(2)设计特点

"飞鸿"100公务机采用了加装翼梢小翼的后掠翼、T形尾翼、尾吊式发动机布局。发动机采用2台普·惠加拿大公司生产的PW617F-E涡扇发动机。与目前市场上其他航电系统相比，驾驶舱采用佳明（Garmin）全玻璃、全集成航电系统的小神童（Prodigy）为驾驶员提供了更多的便利，如图4-33所示。驾驶舱内安装了三个交互式12英寸显示器——两个主飞行显示器（PFD）和一个多功能显示器（MFD）。该系统集成了所有的飞行、导航、通信、地形、交通、天气、发动机仪表设备以及机组告警系统数据等信息，并将综合信息显示在上述三个清晰、日光环境下可读的高分辨率显示器上。

图4-33 "飞鸿"100公务机驾驶舱

（3）性能数据

"飞鸿"100性能数据见表4-18。

表4-18 "飞鸿"100性能数据

乘员	驾驶员1~2名，乘客4名（标准）/6名（最大）
尺寸	翼展12.3m，机长12.8m，机高4.4m
重量	空重3235 kg，最大起飞重量4750kg
性能	最大速度722km/h，航程2182km，实用升限12500m
动力装置	2台普·惠加拿大公司生产的PW617F-E涡扇发动机，单台推力7.2kN

3. "愿景"SF50

（1）型号概况

"愿景"SF50是航空工业通飞旗下西锐飞机公司新研发的一款机型（图4-34），用于填补高性能活塞飞机和轻型喷气飞机之间的市场空白，也是航空工业通飞首个按照市场规律自主投资研发的创新性和革命性飞机。

M4-7 "愿景"SF50

图4-34 "愿景"SF50公务机

2014年3月，"愿景"SF50首架原型机试飞成功。此次首飞成功，被业界认为是航空工业通飞统筹全球资源发展通用航空取得的又一项显著成果。2016年10月，"愿景"SF50顺利取得了美国联邦航空管理局颁发的适航证。2016年12月，首架"愿景"SF50在美国明尼苏达州德鲁斯市交付用户。"愿景"SF50自研发以来，就获得包括美国在内的国际通航界的普遍好评，从2016年交付市场后，一直占据全球超轻型公务机细分市场的榜首位置。2018年4月，"愿景"SF50荣获世界航空航天领域的知名奖项——罗伯特·科利尔奖。

（2）设计特点

"愿景"SF50飞机在结构设计、飞行性能等方面进行了大胆的尝试和探索，设置有7个座位，增压座舱，复合材料机身。该机配备西锐飞机公司独一无二的"西锐整机降落伞系统"（CAPS），能保证飞机在故障或者失去动力时安全落地，最大限度地保障乘员安全。

该型飞机具有很高的舒适性、安全性、经济性，易于飞行和操控，拥有成本低，体现了私人飞机拥有者和商业运营客户的价值取向。该型飞机为高性能活塞式飞机（如SR22T飞机）驾驶员提供了方便的转型选择。

（3）性能数据

"愿景"SF50性能数据见表4-19。

表4-19 "愿景"SF50性能数据

乘员	机组人员2名，乘客5名
尺寸	翼展11.73m，机长9.42m，机高3.20m，尾翼展4.43m
重量	空重1681kg，最大起飞重量2727kg，有效载荷1045kg
性能	最大巡航速度为556km/h，最大升限8500m，最大航程1265km
动力装置	1台威廉姆斯国际公司生产的FJ33-5A涡扇发动机，单台推力8.5kN

4. "领世"AG300

（1）型号概况

"领世"（Leadair）AG300是中航通用飞机有限责任公司按照CCAR-23部和FAR-23部研发的一款轻型涡桨公务机（图4-35），也是国内首款具有自主知识产权的全复合材料公务机。该飞机是一款轻型单发6座涡桨增压公务机，机身采用碳纤维复合材料，发动机采用霍尼韦尔公司生产的TPE331-10发动机，是世界上同类单引擎涡桨飞机中飞行速度最快的。

"领世"AG300于2012年6月7日立项启动，历时2年在珠海总装下线，2014年7月5日，第一架"领世"AG300首飞成功。领世AG300飞机的研制，是继100年前冯如在广东试飞首款中国飞机之后，广东研制的第一款飞机。

图4-35 "领世"AG300公务机

（2）设计特点

"领世"AG300采用下单翼、低平尾、单垂尾常规布局，机身采用全碳纤维复合材料，配置前三点可收放式起落架，增压座舱。飞机采用佳明1000为主体的综合航电系统，采用双操纵结构，单驾驶体制。该机采用GE公司生产的H85-100涡桨发动机，功率630kW，配备哈策尔（Hartzell）公司生产的四叶螺旋桨，这套飞行动力系统使得该机飞行速度能达到600km/h，是目前同类单发涡桨式飞机中飞得最快的机型。

该机型在结构设计、材料选择上进行了大胆的尝试和探索，机体全部采用先进的碳纤维复合材料制造技术，显著地改善了性能指标。友好的人机界面、先进的航电系统、便于操作的操纵机构、舒适的人体工程学座椅、隔离噪声的夹层技术、高品质的内饰，以及满足高空飞行的增压座舱等，都体现了航空科技和现代美学的完美融合，能够很好地满足高端客户的需求。

（3）性能数据

"领世"AG300性能数据见表4-20。

表4-20 "领世"AG300性能数据

乘员	机组人员1名，乘客5名
尺寸	翼展11.082m，机长10.226m，机高3.513m
重量	空重1730kg，最大起飞重量2700kg，最大商载460kg
性能	最大平飞速度600km/h，海平面最大爬升率12m/s，最大使用高度7620m，远航航程1850km（45min备份燃油），起飞距离580m，着陆距离680m
动力装置	1台GE公司生产的H85-100涡桨发动机，功率630kW（850马力）

拓展提高

1. 课程实践

2021年，全球OEM厂家密集发布了公务机新机型和升级机型，新飞机令人目不暇接，是技术、速度的比拼，也是里程、空间的擂台。2021年全球流行公务机，哪一款才是你心中挚爱？中国公务航空集团帮助大家编写了《2021年全球私人飞机流行趋势报告》，让我们一起了解2021年风靡全球的私人飞机四大流行主题。

（1）竞速致远

科技的进步让人类飞得更快、更远，而公务机作为人类交通工具的巅峰之作，无疑正在见证一场时空的迁移、一次科技的革新、一种速度的叛逆。

10月初，湾流宇航公司发布迄今为止其旗下速度最快、航程最长的飞机G800，0.85马赫航速航程可达14816km，0.90马赫航速航程为12964km。G800由大推力劳斯莱斯珍珠700发动机提供动力，采用G700上的湾流设计的机翼和翼梢小翼，它具有更高的燃油效率和更多城市对直飞能力。G800重新定义了更快的速度飞得更远的含义，令人印象深刻的高速下的超长航程节省了更多的时间。

（2）畅爽体验

飞行本该酣畅，2021年成就了公务机舒适飞行的优雅动感和自信风度。虽然栖身繁华云端，艺术和科技联袂创造了宁静雅致的休憩环境，平衡理想与现实、灵魂与肉体。

9月，庞巴迪"挑战者"3500通过新技术和材料的使用、测试的改进，以及舱壁的加固，使得飞机在12497m的高度飞行时，客舱气压高度仅为1478m，比其前身机型"挑战者"350低31%，让旅程更加舒适惬意。

（3）极致空间

有一种飞行，不被空间定义，处处皆为风景。大心胸，可容世间万物；大空间，可宽山河远阔。2021年，白云之上，人世间的烟火竟让人如此迷恋。

"猎鹰"10X打造了属于每个达索粉丝的"造梦空间"，成功实现关于公务机的所有想象。对飞行空间的所有梦想，全都如愿以偿。客舱空间是超远程公务机中最大的，宽度达到2.77m，高度达2.03m。如此大的客舱空间，目标是给乘客一种高端顶级公寓的感觉。达索的设计师们可以根据客户需求设计多达四个休息区的配置空间，包括一个带淋浴的完整浴室、私人影院和VIP主套房（可选的60英寸大床和独立浴室）。每个休息区有足够的空间来摆放每张桌子，不用担心乘客之间互相干扰，还有充足的存储空间。

（4）巅峰科技

2021年新发布的公务机均承袭了飞行材料和技术的突破性，把商务飞行品质和安全带到了更高的水平。公务机是企业家铸就辉煌的起始地，更是尖端飞行技术的试炼场，是独具颠覆性的尖端科技与时尚的匠心融合。

Gulfstream屡获殊荣的Symmetry Flight Deck彻底改变了飞行员的操作方式，极大地提高了"湾流"G400的安全性和效率。主动控制侧杆通过触觉线索来增加飞行员之间的非语言交流。该机型是业内最广泛使用触摸屏显示器的机型，搭配Phase-of-Flight，减少了飞行员的工作负荷与飞行启动时间。

【问题思考】

结合上述材料，试分析目前公务机品牌竞争主要关注的领域，并思考未来公务机的发展方向。

2. 阅读思考

公务机市场未来可期

近年来，我国社会高速发展，带动了各行各业的发展，此外，随着通用航空领域政策的不断出台，政府、社会高度重视航空事业发展，我国公务机行业得到了迅猛发展。

（1）公务机供需关系

公务机能给出行带来很多便利，进入21世纪，很多消费者慢慢开始接受公务机这类出行方式，有相关数据显示，公务机市场潜力大，未来可期。

★《全球市场追踪报告》提出，全球公务机在2021年累计飞行330万次，创下单年最高纪录，比2019年高出7%，说明在疫情影响下，公务机市场需求逆势暴增。

★《全球公务航空展望报告》预测，从2022年到2031年，新公务机交付量将达到7400架，总价值2380亿美元，较上期报告中10年预测量增长1%。

★《通用航空中国市场预测年报（2021—2040）》表示，预计到2025年，中国喷气公务机机队规模将达到423架，到2040年，规模将接近3000架；预计到2025年，全球喷气公务机机队规模将达到2.2万架，到2040年，规模将达到3.1万架。

而在疫情的影响下，很多航班被取消，公务机出行相对隐私、灵活，成为很多人的选择，一定程度上推动了公务机行业发展。

（2）中国经济增长快速

现今，中国已经是世界上最具发展潜力的经济大国之一，人们生活水平达到了全面小康，2022年1月17日，国家统计局发布数据，初步核算，2021年中国国内生产总值1143670亿元，按不变价计算，比2020年增长8.1%，两年平均增长5.1%。

根据《2021年全球超高净值人口报告》显示，中国的高收入人群在排名榜前列，说明中国正在成为公务机的潜在市场。

（3）公务机基础设备逐渐完善

国内高度重视公务航空领域的发展，建立健全公务航空运营管理和服务保障的规章标准体系，完善全国公务机场规划，建立机场地面服务保障安全机制，专业化、规范化的公务机楼孕育而生，相信在不久的未来，中国公务机行业将迎来发展的高峰期！

第五章

私享与多样:全球主要通用飞机

 教学目标

 知识目标

了解小型飞机的含义及主要技术特点;
了解轻型运动类飞机的含义及适航审定要求;
了解多用途飞机含义及主要技术特点;
了解农林飞机含义及主要技术特点。

 能力目标

能描述小型飞机典型机型的性能数据;
能描述轻型运动类飞机典型机型的性能数据;
能描述多用途飞机典型机型的性能数据;
能描述农林飞机典型机型的性能数据。

 素质目标

了解国产轻型运动类飞机研发制造的崛起,培养"坚持不懈,勇于挑战"的艰苦奋斗精神和不达目标不罢休的意志品质。

第五章　私享与多样：全球主要通用飞机

学习导航

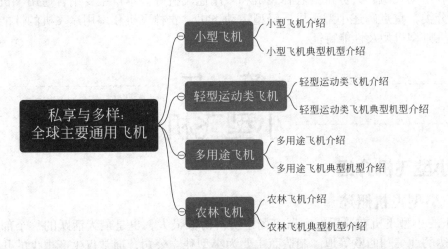

案例导入 ✈

AG600-1003架机成功试车

"鲲龙-600"（AG600）是中国大飞机三剑客之一，是中国自行设计、研制的大型灭火、水上救援水陆两栖飞机，是世界在研最大的水陆两用飞机，2016年7月23日总装下线（一期产品）。2017年2月13日成功试飞。飞机采用了单船身、悬臂上单翼布局形式；选装四台WJ6发动机，采用前三点可收放式起落架。这是中国新一代特种航空产品的代表作。

2018年10月20日，"鲲龙-600"在湖北荆门漳河机场成功实现水上首飞。2020年7月26日，"鲲龙-600"在山东青岛附近海域，成功实现海上首飞。2021年3月4日，"鲲龙-600"完成灭火任务系统首次科研试飞，全面进入投水功能验证阶段。2022年2月8日，AG600-1003架机发动机首次试车成功（图5-1）。

图5-1　AG600-1003架机

【问题思考】

除了"鲲龙-600"，目前我国在通用飞机研发生产领域还取得了哪些成绩？目前市场上主流的通用飞机机型有哪些？

通用飞机是全部飞机类型中，数量、型号最多的机种，包括小型飞机、大型涡轮和螺旋桨飞机等。通用飞机的用途广泛，涉及空中巡逻、空中救助、小型专线货运、资源勘测、农林防护、飞行员培训、公司通勤、私人公务、休闲观光等方面。按照不同的分类方法，有不同的划分。如按用途划分有运动飞机、公务机、农林飞机和多用途飞机等。本章主要结合通用飞机的用途和市场特征进行分类，重点阐述小型飞机、轻型运动飞机、农林飞机和多用途飞机的性能特点，介绍各类通用飞机典型机型及性能特征。

第一节
小型飞机

一、小型飞机介绍

（一）小型飞机概述

2～6座的小型飞机在通用航空器市场中所占份额最大，也是最为活跃的一个部分，多数集中于经济发达的北美和西欧等地。制造商主要为小型独立公司，通常仅生产很少的几种飞机型别及衍生型别。这类飞机价格便宜，主要为私人拥有，少部分用于执行专门任务。常见的用途有飞行员培训、游览观光、行政、航空运动、特技飞行、森林巡逻与执法等。此外，不少个人也自己制造这一级别的飞机。美国实验飞机协会（EAA）在威斯康星州奥什科什城举办的一年一度的"空中冒险"通用飞机展是这一级别通用航空器的盛会。

（二）主要技术特点

这一级别的航空器主要采用常规布局。除去钻石飞机公司生产的DA-42"双子星"采用双发下单翼布局外，小型飞机基本上都装一台活塞发动机。欧美活塞航空发动机厂商的主要产品为水平对置发动机，仅东欧国家有少量直列发动机及星形发动机型号。为满足不同级别飞机的需要，水平对置发动机主要有4缸、6缸两种形式。主要的小型飞机制造商均为美国公司，主要的活塞发动机厂家有泰莱达因大陆公司（Teledyne Continental Motors）和德事隆·莱康明公司（Textron Lycoming）。为满足水平对置活塞发动机冷却需要，这一级别飞机的显著特征是在机头开有两个冷却气进口，螺旋桨为2叶或3叶可调螺距螺旋桨。

小型飞机单发机型主要有上单翼和下单翼两种布局。其中，上单翼机型多数带有撑杆，起落架不可收放，部分机型起落架没有整流罩，或起落装置为浮筒；下单翼机型根据飞行速度和机翼厚度，起落架分为可收放和不可收放两种，不可收放的起落架基本都配有整流罩。但整体上，下单翼机型性能优于上单翼机型。通常大多数小型飞机为前三点式起落架，也可采用后三点式起落架。尾翼为传统的十字形尾翼或T形尾翼。

由于赛斯纳飞行器公司占据竞争优势地位并采用了上单翼布局，除去少量简易型上单翼飞机外，很少有其他上单翼机型。主要竞争对手均采取下单翼布局，并通过良好的气动布局以获得更好的飞行性能。如西锐飞机公司和Columbia公司生产的机型。而钻石飞机工业公司生产的机型则介于超轻型飞机和小型飞机之间，也实现了差异化。也有部分机型采用其他布局，如部分小型水上飞机将发动机装于机背。此外还有少数型号将发动机装于T形尾翼的前端，如Seawind300C飞机。

小型飞机的座舱通常为并列座椅，这样可以方便地安排2、4、6座，同样并列座椅也适合作为民航初级教练机使用，但也有部分简易机型采用串列座椅。部分机型设计有行李舱，如DA-42，由于其独特的双发布局空出了机头，故将这一空间设计为行李舱，此外该机还在座舱后设有另一个行李舱。西锐飞机公司的SR22则将行李舱设于座舱后部，值得注意的是，其行李舱具有单独的舱门。

由于小型飞机的一个主要用途是作为民航机的初级教练机使用，故航电系统界面逐渐接近民航机面板风格。目前，部分小型飞机也开始使用大屏幕彩色液晶一体化航电仪表系统，如赛斯纳飞行器公司1997年重新推出的"新一代"通用飞机开始使用大屏幕彩色液晶航电仪表系统，这直接导致竞争对手的跟风行为。钻石飞机公司生产的DA-40/42及西锐飞机公司生产的SR20/22等主流机型均采用了先进的液晶一体化航电仪表系统。

（三）小型飞机的应用

小型飞机是一种设计和制造相对简单，具有投入不大、价格低廉、使用维护简单等特点。随着经济和航空制造业的发展，小型飞机在飞行员培训、农林作业、航空物探、航空摄影、宣传广告等通用航空领域和个人用途、航空体育等方面有较大市场。

1. 飞行员培训

要培养出大量的飞行员，靠大型飞机进行培训显然是不经济的，主要还是依靠小型飞机。因此，飞机制造商和部分经销商都将飞行员培训作为扩大销售的主要手段，如赛斯纳飞行器公司在世界范围内建立了包括225个飞行员中心在内的飞行培训网，1977～2006年，20多年共培训出40万名飞行员，极大地促进了飞机的销售。

2. 作业飞行

小型飞机可以参与的专门作业包括农业（喷洒药剂和播种等）、森林和野生动植物保护、航测（摄影、测绘、石油及矿藏勘探等）、巡查（管道、电力线和水渠的巡查等）、天气控制（人工降雨等）、空中广告等。

3. 休闲运动

全世界用于休闲娱乐的小型飞机数以十万计，培养了数十万名飞行爱好者，并创造了巨大的市场空间。

二、小型飞机典型机型介绍

小型飞机的代表型号：赛斯纳飞行器公司生产的赛斯纳172、赛斯纳182、赛斯纳206，航空工业生产的"小鹰"500，西锐飞机公司生产的SR20、SR22，钻石飞机公司生产的DA20、DA40、DA42、DA50，索卡塔公司生产的TB-20/TB-200，派珀飞机公司生产的PA-34"塞内卡"、PA-44"西门诺尔"等。

（一）国外小型飞机

1. 赛斯纳172

（1）型号概况

赛斯纳172是一种单发4座小型飞机（图5-2），被称为"天鹰"。赛斯纳172是历史上最成功、生产数量最多的小型飞机之一，同时也是很受欢迎的教练机。它从1956年交付首架飞机开始至今生产了超过42500架，直到现在，赛斯纳172仍在生产中。

赛斯纳172的早期型号参照了赛斯纳170的设计，具有相同机身，采用后三点式起落架，后来又重新设计成前三点式起落架，增加后窗以改善驾驶员的视野。赛斯纳172A改成了后掠式的垂尾；而赛斯纳172B则改进了仪表设备，从赛斯纳172B开始被授予"天鹰"的名称；赛斯纳172D则降低了机身的高度；赛斯纳172F采用电动襟翼取代了机械传动襟翼。1968年，赛斯纳飞行器公司停产了早期型号的赛斯纳172，同时又新设计了赛斯纳172J，不久赛斯纳172J被重新命名为赛斯纳177。由于赛斯纳飞行器公司中断了与美国大陆发动机公司的发动机供货合同，赛斯纳172H成为最后一型使用美国大陆发动机公司生产的发动机的机型，以后的型号换装莱康明公司生产的发动机。

自1986年开始，受到美国出台的法律限制，赛斯纳飞行器公司停止了包括赛斯纳172在内的所有活塞式轻型飞机的生产，直到10年后，这项法律条款被修改，重新制定了相应的新法规，赛斯纳172这类活塞式轻型飞机才得以重新生产。在新法规的推动下，赛斯纳飞行器公司重建单发活塞式飞机生产线，并按照FAR 23部的要求对赛斯纳172进行改进设计，改进后的型号于1996年投产。1996年重新投产的赛斯纳172R是赛斯纳172家族中最受欢迎的一个型号。赛斯纳172R装有莱康明公司生产的IO-360-L2A水平对置4缸活塞发动机，功率为120kW。赛斯纳飞行器公司称该型发动机比老型号使用的O-320噪声低很多。它可以在2400r/min转速下输出最大功率。由赛斯纳172N改装的赛斯纳172R于1995年4月首飞，全新制造的赛斯纳172R于1996年4月16日首飞。

新型号赛斯纳172S的定位是"拥有者即驾驶者"。1998年7月开始交付，它同赛斯纳172R一样安装IO-360-L2A发动机，但因增加了转速，额定功率加大到135kW。有效载荷增加了45kg，并更换了新型螺旋桨，可选装G1000玻璃座舱。赛斯纳172S又被称为"天鹰"SP。

M5-1 赛斯纳172

图5-2 赛斯纳172

在中国市场，赛斯纳172飞机获得了相当的成功。中国大多数飞行培训学校都曾购买过赛斯纳172飞机，如中国民用航空飞行学院、安阳航空运动学校和上海东方航空教育培训有限公司等。

（2）设计特点

早期型赛斯纳172与赛斯纳170很相近，后来经过不断改进演化逐渐形成该系列自身的特点。赛斯纳172采用斜撑杆式平直上单翼，早期型为梯形平直垂尾，后来改进为带背鳍的后掠式垂尾，下置平尾。多数型号为固定式前三点起落架（有些机型备有起落架整流罩，最初型号采用后三点式起落架），采用单台大陆发动机公司或莱康明公司生产的活塞发动机，双桨叶或3桨叶螺旋桨。

（3）主要型号

赛斯纳172R：目前在生产的数量最多的型号，装IO-360-L2A发动机。

赛斯纳172S：航电升级型号，采用G1000航电系统，换装提升功率的IO-360-L2A发动机。

（4）性能数据

赛斯纳172R性能数据见表5-1。

表5-1 赛斯纳172R性能数据

乘员	驾驶员1名，乘客3名
尺寸	机长8.28m，翼展11m，机高2.72m，机翼面积16.2m^2
重量	空重767kg，满载起飞重量1111kg
性能	巡航速度226km/h，失速速度87km/h，极限速度302km/h，航程1289km，实用升限4100m，爬升率3.66m/s
动力装置	1台莱康明公司生产的IO-360-L2A活塞4缸水平对置发动机，功率120kW

2. 赛斯纳182

（1）型号概况

首架赛斯纳182是作为赛斯纳180的前三点式起落架改型出现的，如图5-3所示。最初生产于1956年，自赛斯纳182A型开始使用"天巷"的名字。除了在美国本土生产，赛斯纳182在法国兰斯公司制造的称为F182，在阿根廷国家航空研究和制造局制造的称为A182。

图5-3　赛斯纳182

1959年推出的赛斯纳182C将客舱每侧改为3个窗户，垂尾改为后掠式。赛斯纳182后来进行了多次改型，包括缩短起落架、修改发动机整流罩外形、增加客舱后窗、提高起飞重量、改进翼根和翼尖整流罩及方向舵整流罩。1977年开始生产的赛斯纳R182"天巷"RG改为可收放式起落架，这一改进大幅提高了飞行速度。另一型性能有飞跃性提高的是赛斯纳TR182"涡轮天巷"RG，采用莱康明公司生产的175kW涡轮增压式O-540-L发动机，该改型于1979年面世。涡轮增压技术可在不超过赛斯纳182的使用升限（6100m）的情况下获得更大的动力。

赛斯纳182系列曾因法律限制在1985年被迫全面停产。此时，赛斯纳飞行器公司已生产了21864架赛斯纳182（包括兰斯公司生产的169架赛斯纳F182）。1994年，美国修改了《产品可靠性法》后法律限制被解除，赛斯纳飞行器公司宣布重新启动生产赛斯纳182的计划。恢复生产后，1997年4月开始交付赛斯纳182S，到1998年9月30日生产了332架。在经历了一段停产风波后，重新恢复生产的是新研发的赛斯纳182S，赛斯纳182S原型机于1996年7月15日首飞，第一架于1997年4月交付用户。改进包括使用了IO-540-AB1A5发动机、全新的内部布局和航电面板。改进型赛斯纳182T和涡轮增压型赛斯纳T182T全方位优化、改进了设计，从而成为世界范围内性价比最高的单发轻型飞机。

赛斯纳182沿袭了赛斯纳系列飞机经典的上单翼设计，在飞行过程中能充分体会上单翼设计所带来的诸多优点，包括机身的稳定性、超大的视野、遮阳防晒、恶劣天气防护以及方便的机舱出入与检修等。赛斯纳182具有优秀的近距离飞行能力，这使赛斯纳182成为在美国偏远地区非常流行的四座轻型飞机。此外，赛斯纳182飞机飞行简单、视野良好，是航空观光的理想机型。座舱空间比赛斯纳172更大，能提供更多的乘客腿部空间，确保为旅客带来更舒适的旅程。不过，与该机型在美国市场情况不同，赛斯纳182在中国应用较少。

（2）设计特点

采用斜撑杆式平直上单翼，早期部分型号为梯形平直垂尾，后来改进为带背鳍的后掠式垂尾，下置平尾，多数型号为固定式前三点起落架（有些机型带有起落架整流罩，赛斯纳R182改为可收放式起落架），采用单台大陆发动机公司或莱康明公司生产的活塞发动机，双桨叶或3桨叶螺旋桨。

（3）主要型号

赛斯纳182S：恢复生产后的首个型号，装莱康明公司生产的172kW（230马力）IO-540-AB1A5活塞发动机。

赛斯纳182T：改进型，装莱康明公司生产的172kW（230马力）IO-540-AB1A5活塞发动机。

赛斯纳T182T：涡轮增压型，装莱康明公司生产的175kW（235马力）TIO-540-AKIA涡轮增压活塞发动机。

（4）性能数据

赛斯纳182T性能数据见表5-2。

表5-2　赛斯纳182T性能数据

乘员	驾驶员1名，乘客3名
尺寸	机长8.84m，翼展11m，机高2.8m，机翼面积16.2m^2
重量	空重894kg，满载起飞重量1411kg，有效载荷517kg
性能	极限速度324km/h，最大速度278km/h，巡航速度269km/h，失速速度91km/h，航程1722km，实用升限5517m，爬升率4.7m/s，翼载87kg/m^2
动力装置	1台莱康明公司生产的IO-540-AB1A5活塞发动机，功率172kW

3. 索卡塔TB系列

（1）型号概况

法国索卡塔公司的TB系列轻型飞机被称为"加勒比飞机"，包括从固定起落架的TB-9"坦皮科"（Tampico）到涡轮增压发动机的TB-21"特立尼达"（Trinidad）TC飞机。索卡塔公司于20世纪70年代中期开始设计TB系列飞机，计划以此替代MS.880"拉力赛"（Rallye）系列飞机。第一架TB-10原型机使用120kW莱康明公司生产的O-320发动机，于1977年2月23日首飞，TB-10于1979年开始正式生产。中国民用航空飞行学院曾购入一批TB-20和TB-200作为学院的初级教练机，如图5-4所示。

图5-4　TB-20教练机

（2）设计特点

索卡塔公司制造了3种不同系列的TB飞机——"坦皮科"系列、"多巴哥"系列和"特立尼达"系列，这3个系列都以加勒比地区的地名命名，因此又被称为"加勒比飞机"。

TB-9"坦皮科"的定位是教练机，装1台120kW 4缸莱康明公司生产的O-320发动机。1980年年底推出了两种TB-9的改型机，装定距螺旋桨的"坦皮科"FP和装定速螺旋桨的"坦皮科"CS。"坦皮科"FP和"坦皮科"CS都比使用森塞尼奇（Sesenich）双桨叶定距螺旋桨的"坦皮科"基本型装有更高端的内饰。

索卡塔公司于1997年推出了TB-9"坦皮科冲刺"（Tampico Sprint），使用了带有整流罩的跪式缓冲起落架和新型螺旋桨，巡航速度增加了18km/h。

TB-10"多巴哥"和TB-200"多巴哥"XL的特点是安装带有整流罩的起落架，重量更大，内饰和设备水平更高，发动机功率更大，装有定速螺旋桨。TB-10"多巴哥"装一台135kW O-360发动机。TB-200"多巴哥"XL是TB-10的升级版，装150kW IO-360-A1B6发动机。

航程最大的机型是可收放式起落架的TB-20"特立尼达"和TB-21"特立尼达"TC。TB-20"特立尼达"装1台185kW IO-540发动机，TB-21"特立尼达"TC装1台涡轮增压型TIO-540发动机。TB-20C装有一个左侧货舱门。

2000年年初，索卡塔公司推出了所有型号飞机的升级版GT（二代）系列飞机。GT升级版飞机的改进包括加大的客舱、垂直安定面前缘采用曲线轮廓、机翼改为上翘矩形翼尖、更大的货舱门等。

（3）主要型号

TB-9"坦皮科冲刺"GT：采用莱康明公司生产的120kW（160马力）O-320-D2A发动机，双桨叶森赛尼奇定距螺旋桨。

TB-10"多巴哥"GT：采用莱康明公司生产的134kW（180马力）O-320-A1AD发动机，哈策尔螺旋桨。

TB-200"多巴哥"GT：采用带燃油喷射器的134kW莱康明公司生产的IO-320-A1B6发动机，哈策尔螺旋桨。

TB-20"特立尼达"GT：装1台185kW IO-540-C4D5D发动机。

TB-21"特立尼达"TC GT：装1台185kW TIO-540-AB1AD涡轮增压发动机。

（4）性能数据

TB-20"特立尼达"性能数据见表5-3。

表5-3 TB-20"特立尼达"性能数据

乘员	驾驶员1名，乘客3~4名
尺寸	机长7.75m，翼展9.97m，机高2.85m，机翼面积11.9m²
重量	空重900kg，最大起飞重量1400kg
性能	巡航速度301km/h，航程1290km，实用升限6100m，爬升率6.1m/s
动力装置	1台莱康明公司生产的IO-540-C4D5D活塞发动机，功率185kW

4. PA-34"塞内卡"

（1）型号概况

派珀飞机公司生产的最成功的6座双发轻型飞机PA-34"塞内卡"（Seneca）其实是单发的PA-32"切诺基6"（Cheroke Six）的双发改型。PA-34是经典的双发飞机，无论是飞行参数还是客舱的舒适度，都是同类型飞机中的佼佼者，受到全球众多用户的青睐。

早期型PA-34-200"塞内卡"于1971年年底开始交付，如图5-5所示。1974年开始推出了PA-34-200T"塞内卡"Ⅱ，其操纵性和性能方面都有所改善。该机装2台大陆发动机公司生产的涡轮增

图5-5 PA-34-200"塞内卡"

压TSIO-360-E发动机。派珀飞机公司最初计划在后续的PA-34-220T"塞内卡"Ⅲ上用T形尾翼，但计划被搁置。安装反向旋转165kW TSIO-360发动机、客舱内部改进和仪表板升级的改型被命名为"塞内卡"Ⅲ，该机于1981年问世，1994年又被派珀飞机公司新改进的PA-34-220T"塞内卡"Ⅳ取代，"塞内卡"Ⅳ做了空气动力方面的改善，发动机进气口和舱内都进行了改动。

PA-34-220T"塞内卡"Ⅴ于1997年推出，其特点是装有带中冷器的涡轮增压LTSIO-360-RB发动机，可在5940m高度保持额定功率输出，客舱可容纳5人，具有标准的娱乐/公务设施，有可拉伸的工作台和选装的电话/传真，如不需要娱乐/公务设施，也可选装第六座位。

（2）设计特点

PA-34气动布局继承了派珀飞机的传统，采用悬臂式下单翼，发动机短舱内侧翼段前缘带后掠角，外侧翼段为平直机翼，正常布局的悬臂式平尾，带前伸式背鳍的后掠式垂尾。可收放式前三点起落架，采用派珀飞机公司生产的油-气缓冲器，主起落架向内收起，前起落架向后收起。采用2台大陆发动机公司生产的TSIO-360-RB或LTSIO-360-RB活塞发动机安装在两侧机翼上。

（3）主要型号

PA-34-180"双6"：原型机，装2台莱康明公司生产的135kW的O-360发动机。

PA-34-200"塞内卡"：早期生产型，装2台莱康明公司生产的150kW IO-360活塞发动机。

PA-34-200T"塞内卡"Ⅱ：装2台大陆发动机公司生产的涡轮增压TSIO-360-E发动机。

PA-34-220T"塞内卡"Ⅲ：装2台反向旋转165kW的TSIO-360发动机，客舱内部进行了改进，升级了仪表面板。

（4）性能数据

RA-34-200T性能数据见表5-4。

表5-4　PA-34-220T性能数据

乘员	驾驶员1名，乘客5名
尺寸	翼展11.86m，机长8.72m，机高3.02m，机翼面积19.39m^2
重量	空重1457kg，有效载荷450kg，最大起飞重量2155kg
性能	最高限速378km/h，巡航速度348km/h，失速速度113km/h，航程1611km，实用升限7620m，爬升率7.87m/s
动力装置	2台大陆发动机公司生产的TSIO-360-RB/LTSIO-360-RB活塞发动机，单台功率164kW

5．PA-44"西门诺尔"

（1）型号概况

派珀飞机公司生产的PA-44"西门诺尔"（Seminole）是20世纪70年代中后期（即通用飞机产业的全盛期）研制的轻型双发通用飞机。但到20世纪80年代初，由于市场突然萧条，加上市场对高性能单发大型机更加青睐并有更高的市场占有率，PA-44销售严重受挫，因此只有很少的产量。作为"湾流"GA-7"美洲狮"和比奇76"公爵夫人"同时代的产物，PA-44"西门诺尔"是PA-30"双科曼奇"的替代产品，主要针对PA-30市场老顾客的更新需要，以及扩大双发教练机市场的需求。

PA-44"西门诺尔"是在单发的PA-28R"箭"系列基础上进行双发改造的产品，PA-28R的1台发动机被2台反向旋转的135kW莱康明公司生产的O-360发动机替代，并改用了新的T形尾翼和梯形机翼。第一架原型机于1976年5月开始生产，被称为PA-44-180，1978年5月开始交付。

装涡轮增压发动机的PA-44-180T"涡轮西门诺尔"于1980年开始推出。除装涡轮增压TO-360发动机外，PA-44-180T还采用了螺旋桨除冰装置和座舱氧气系统。当派珀飞机公司于1981年年底第一次停产时，PA-44-180T只生产了86架。1988年，派珀飞机公司重新启动PA-44生产线生产了30架非涡轮增压型PA-44。但在1990年，由于派珀飞机公司当时财务状况极度不稳定，再次决定停产。直到1995年派珀飞机公司又重新开始生产，尽管当时销售前景已不乐观，PA-44-180"西门诺尔"再一次开启生产线，如图5-6所示。现在，派珀飞机公司为"西门诺尔"系列飞机提供了2个套餐式航电包：一个是标准包；另一个是高级教练组包。

图5-6　PA-44-180"西门诺尔"

有趣的是，早在20世纪70年代，派珀飞机公司的大部分飞机都为T形尾翼，而到现在仅有PA-44一种是T形尾翼飞机。

（2）设计特点

PA-44气动布局继承了派珀飞机的传统，采用悬臂式下单翼，发动机短舱内侧翼段前缘带后掠角，外侧翼段为平直机翼，T形尾翼，带前伸式背鳍的后掠式垂尾。可收放式前三点起落架采用派珀飞机公司生产的油-气缓冲器，主起落架向内收起，前起落架向后收起。2台反向旋转的莱康明公司生产的135kW O-360-E1A6D发动机或2台涡轮增压TO-360-E1A6D发动机安装在两侧机翼上。

（3）主要型号

PA-44-180"西门诺尔"：标准型，装莱康明公司生产的135kW O-360-E1A6D或O-360-A1H6发动机。

PA-44-180T"涡轮西门诺尔"：涡轮增压型，装莱康明公司生产的135kW涡轮增压TO-360-E1A6D发动机。

（4）性能数据

PA-44-180性能数据见表5-5。

表5-5　PA-44-180性能数据

乘员	驾驶员1名，乘客3名
尺寸	翼展11.77m，机长8.41m，机高2.59m，机翼面积17.1m²
重量	空重1070kg，最大起飞重量1723kg
性能	最大速度311km/h，最大巡航速度309km/h，远程巡航速度280m/h，实用升限5210m，航程1630km（有余油）
动力装置	2台莱康明公司生产的TO-360-E1A6D型4缸活塞发动机，单台功率135kW，双桨叶或3桨叶定速哈策尔螺旋桨

（二）国内小型飞机

1."小鹰"500

（1）型号概况

"小鹰"500飞机是我国目前唯一按CCAR-23-R2进行设计、生产、试验试飞和适航取证并开始交付用户的4～5座轻巧多用途飞机（图5-7），具有完全自主知识产权。该机可作为军、民用初级教练机、商务机、旅游用机、农林牧渔业用机、环保监测用机，也可作为航空探测用机、摄影用机、航空俱乐部用机、私人及军警用机。"小鹰"500飞机适应能力强，可以在20m宽、

600m长的简易跑道，净空1000m的空域内安全起降，能抗12m/s侧风。飞机维护通道开畅，使用维护简单。

图5-7　"小鹰"500

（2）设计特点

"小鹰"500飞机机身为铝合金半硬壳式结构，发动机罩、尾锥和座舱侧蒙皮等部位均采用玻璃纤维复合材料，结构重量轻。座舱两侧设有两扇向上开启的舱门。双曲面座舱前风挡视野开阔。大展弦比（展弦比为8）等厚度矩形机翼内装整体油箱，并配有复合材料的上翘翼尖。起落架采用液压收放，前起落架向后收，主起落架向内收，并备有应急机械放下装置。

"小鹰"500飞机选用美国莱康明公司生产的6缸水平对置气冷活塞发动机。该发动机可靠性高，有性能优良、技术先进、耗油低、操纵简单、维护方便等特点。螺旋桨是美国哈策尔公司生产的全金属恒速变距不可顺桨的两叶螺旋桨。

"小鹰"500飞机装有达到国际先进水平的通信导航系统、发动机仪表系统、电气系统，具有良好的飞行操控性能。飞机装备的GPS具有彩色地图显示区域导航功能。先进的飞行仪表满足了飞机空中交通管制的要求，增强了飞机的无线电导航和惯性导航能力。2套GNS430综合无线电设备使该机拥有2套甚高频通信电台，提高了使用可靠性。完备的通信导航设备完全能够满足航线飞行的需要。

"小鹰"500飞机按照单驾驶、双操纵机制进行设计。采用双把式驾驶盘，硬式操纵，辅以钢索和电动操纵。在座舱前排左右位置均可方便地驾驶飞机。

（3）性能数据

"小鹰"500性能数据见表5-6。

表5-6　"小鹰"500性能数据

乘员	驾驶员1名，乘客3~4名
尺寸	翼展9.879m，机长7.743m，机高3.044m，机翼面积12.34m²
重量	有效载荷560kg，最大起飞重量1400kg
性能	最大巡航速度300km/h，设计航程1640km，实用升限4200m
动力装置	1台莱康明公司生产的IO-540-V4A5活塞发动机，单台功率191kW

2. SR20

（1）型号概况

西锐飞机公司生产的SR20型飞机是一款全新的现代化高性能4座轻型飞机，如图5-8所示。1994年7月，在美国试验飞机协会（EAA）大会上，西锐飞机公司发布了正在制造和深入开发一种最先进的4座飞机SR20的信息。SR20原型机于1995年3月31日完成了首飞，1998年10月23日，拥有复合材料结构和先进空气动力学特性的SR20飞机获得了美国联邦航空管理局FAR 23部认证，首架飞机计划在1998年12月交付（由于西锐飞机公司试图降低失速速度并改善水平操纵能力而使认证推迟）。

M5-2　SR20

图5-8　SR20

SR20飞机是一种小型活塞式飞机，采用下单翼设计，机身采用复合材料制造，可载4人，配备佳明公司生产的航电系统，导航设备先进，操纵装置为侧杆方式，通过钢索连接各操纵面，配平通过电动实现，是一种高度电子化的小型飞机。该机还具有独特的整机降落伞系统，可以在紧急情况下保障机组生命安全。

SR20是中国同类飞机市场上最为成功的机型，SR20教练机向中国民用航空飞行学院销售了数十架。2010年，西锐飞机公司在珠海设立了中国首家西锐飞机服务中心。

（2）设计特点

SR20的特点是采用复合材料机体、先进的航电设备、1块大型彩色多功能显示屏、侧驾驶杆，装1台大陆发动机公司生产的149kW（200马力）IO-360直列6缸活塞发动机，油门杆可同时控制油气混合比例和油门的大小。SR20还将整机降落伞系统作为标准配置（可以在紧急情况下打开大型降落伞，保证整个飞机安全降落），同时将各种能量吸收原理运用到该机型，从而减小了减速负载，并增加了受撞击时能量吸收能力。

除采用高科技之外，西锐飞机公司还宣称SR20在飞行性能、内饰空间和舱内噪声控制等方面都有显著的改善。

（3）主要型号

SR20：基本型。

SR20-G2：第二代SR20，2004年推出，重新设计了机身，使用3桨叶螺旋桨，改进了内饰。

SR20-GTS：SR20-G2特别版，采用更个性化的装饰，改进了航电系统。

SR20-G3：2007年推出的第三代SR20，更换了更大的SR22的机翼，修改优化了气动外形，改进了航电系统。

SRV：简化了设备，只能按目视飞行规则操作的基本型。

SRV-G2：第二代SRV。

SRV-G3：2008年推出的第三代SRV，采用了SR22的机翼。

（4）性能数据

SR20-G2性能数据见表5-7。

表5-7　SR20-G2性能数据

乘员	驾驶员1名，乘客3～4名
尺寸	机长7.92m，翼展10.82m，机高2.59m，机翼面积12.56m²
重量	空重939kg，最大起飞重量1360kg
性能	巡航速度289km/h，最大航程1454km，爬升率4.2m/s
动力装置	1台大陆发动机公司生产的IO-360-ES活塞发动机，功率149kW

3. SR22

（1）型号概况

2000年，西锐飞机公司获得美国联邦航空管理局对装230kW发动机的SR22的适航证，如图5-9所示。该机型是在SR20基础上的改进，它的翼展、实际载荷更大且巡航速度更快，此项改进毫无疑问地填补了此类飞机的市场空白。原型机于2000年10月在美国推出，首架飞机于2001年2月6日交付用户。

图5-9　SR22

自2000年以来，SR22已经成为行业中最畅销的机型，被用户誉为"空中宝马"。2007年4月，SR22的第三代机型（SR22-G3）面世再次震动了整个通用航空界。通过接近700项革新和系统改进，SR22-G3代表了西锐飞机公司成立以来在飞机工程制造中的最高的水平。2013年1月推出的第四代（SR22-G5）更是从整体上完善和优化了设计，提升了航电设备。SR22同样将整机降落伞系统作为标准配置，以提高飞机的安全系数。

SR22同SR20一样，在中国私人飞机市场上取得了令人瞩目的成功，SR22作为高端私人飞机也销售了数十架，已经成为行业中最畅销的机型。

（2）设计特点

SR22装大陆发动机公司生产的230kW（310马力）IO-550-N发动机。2006年西锐飞机公司推出了涡轮增压型SR22，使用带有"龙卷风走廊"涡轮增压器的大陆发动机公司生产的IO-550-N发动机。2003年以前SR22座舱标准配置是常规飞行仪表和1台24.5cm多功能显示器，2003年后交付的SR22首次使用了艾维达因主飞行显示器，后来成为标准配置设备。2008年5月22日，西锐飞机公司与佳明公司共同推出了一款新的"西锐视角"玻璃座舱系统，而艾维达因驾驶舱航电系统依然是标准配置装备，客户可自主选择配置。

（3）主要型号

SR22：基本型。

SR22-G2：第二代改型，2004年3月推出，改进了气动设计，采用3桨叶螺旋桨。

涡轮增压型SR22：2006年推出，使用带有"龙卷风走廊"涡轮增压器的大陆发动机公司生产的IO-550-N发动机。

SR22-GTS：第二代特别版，采用更个性化的装饰，改进了航电系统。

SR22-G3：第三代改型，2007年4月推出，机翼结构经过重新设计，采用碳纤维机翼大梁，重新设计并加高了起落架。

SR22T：换发改型，2010年推出，使用大陆发动机公司生产的新型235kW（315马力）TSIO-550K发动机，可以使用普通94号汽油。

SR22T-GTS：SR22T特别版，改装情况同SR22-GTS。

SR22-G5/SR22T-G5：改进型，2013年1月推出了第四代SR22和SR22T（因在中国文化中比较忌讳4，所以跳过G4而采用G5），最大起飞重量增加了91kg，使用ADS-B应答器和佳明公司生产的GFC700自动驾驶仪。重新设计了起落架，整机降落伞系统加大了降落伞面积并改用更强大的降落伞弹射火箭，改进了襟翼系统。

（4）性能数据

SR22-G3性能数据见表5-8。

表5-8　SR22-G3性能数据

乘员	驾驶员1名，乘客3名
尺寸	机长7.92m，翼展11.68m，机高2.67m，机翼面积13.9m^2
重量	空重1009kg，满载起飞重量1542kg
性能	巡航速度343km/h，航程1942km，最大爬升率7.12m/s
动力装置	1台大陆发动机公司生产的IO-550-N发动机，功率230kW

4. DA20

（1）型号概况

奥地利钻石飞机公司生产的DA20是用于飞行训练的双座民用飞机，如图5-10所示。除作为民用和军用的教练机外，该机型还用于个人用户的私人飞行。

1994年，DA20飞机在加拿大制造，首架型号为DA20A-1"武士之刀"（Katana），装罗泰克斯（Rotax）912发动机，该机是钻石飞机公司在北美境内出售的首款飞机。1998年开始生产装大陆发动机公司生产的IO-240-B3B发动机的DA20C-1"进化"（Evolution）和"日蚀"（Eclipse）。DA20A-1"武士之刀"已在2010年停产，而DA20C-1仍继续投产。DA20A-1和DA20C-1均获得加拿大航空条例（CAR）523部和美国FAR 23部批准。DA20允许在襟翼完全收起状态下进行自转。2004年DA20获得中国适航证。此外，DA20亦通过欧洲航空局的认证。

虽然DA20的仪表和航电设备适用于仪表飞行规则下的飞行，但是其复合材料的机体结构缺乏雷电袭击保护，因此未能获得仪表飞行规则认证。

图5-10　DA20

（2）设计特点

DA20采用驾驶杆（与驾驶盘不同）操纵方式，复合材料机体，气泡式整体透明座舱盖，翼尖略上翘的下单翼，T形尾翼以及自由转向前轮。主要部件均由玻璃纤维和碳纤维高强度复合材料制造。DA20的前起落架轮不与方向舵脚蹬相连，而是采用自由转向方式，因此速度越大，方向舵的方向控制越有效。气泡式整体透明座舱盖两侧的小窗在地面和空中都可打开以提供驾驶舱通风。但是这种座舱盖的阳光透过率太大,增加了驾驶舱的初始温度。DA20的座椅是不可调节倾斜靠背座椅,只能调节方向舵脚蹬的位置以适应不同身高的驾驶员。固定式座椅的优势在于可为乘员提供更好的坠机保护。

2008年11月,钻石飞机公司宣布将为D20提供Aspen玻璃座舱选装设备,由于该设备可以安装在一个标准的仪表位上,因此很容易将Aspen设备整合到现有的仪表面板上。2009年10月,钻石飞机公司又将佳明公司生产的G500玻璃座舱定为选装设备。

(3)主要型号

DA20A-1"武士之刀":基本型,装罗泰克斯912发动机。

DA20C-1"进化":基本配置教练型,装大陆发动机公司生产的IO-240-B发动机。

DA20C-1"日蚀":豪华配置私用型,内饰、航电系统采用较高配置,装大陆发动机公司生产的IO-240-B发动机。

DA20C-1"隼":设备更好的DA20C-1民用型号,加装后侧窗使视野更好,装93kW大陆发动机公司生产的IO-240-B发动机,1999年投入生产。该型还有军用教练机型号,同样装大陆发动机公司生产的IO-240-B发动机,不同之处是将飞行主仪表移到仪表板右侧、学员座位前方,并且将驾驶杆安排在学员的右侧,油门杆安排在左侧(与F-16战斗机布局类似)。此外,还安装了较小的油箱。

(4)性能数据

DA20C-1性能数据见表5-9。

表5-9 DA20C-1性能数据

乘员	驾驶员1名,乘客1名
尺寸	机长7.16m,翼展10.87m,机高2.18m,机翼面积11.61m²
重量	空重529kg,有效载荷271kg,最大起飞重量800kg
性能	最大限速304km/h,巡航速度256km/h,失速速度78km/h,航程1013km,实用升限4000m,爬升率5.08m/s
动力装置	1台大陆发动机公司生产的IO-240-B活塞发动机,功率93kW

5. DA40

(1)型号概况

1997年4月,钻石飞机公司在德国航展上推出了装罗泰克斯914发动机的DA40第一架原型机DA40V-1,该机于1997年11月5日完成首飞。随后又推出了装IO-240发动机的第二架原型机DA40V-2,装IO-360发动机的第三架飞机于1998年首飞。紧接着,第四架飞机于2000年10月25日获得欧洲航空安全局JAR23部认证,2001年4月获得美国联邦航空管理局的适航证。

DA40-180在DA20的基础上加长了机身,座位增加到4个,并且加大了翼展。机体使用加强型复合材料,并在重点部位使用碳纤维复合材料加固。动力装置为莱康明公司生产的IO-360发动机,带有电子燃油喷射系统。

DA40D装有蒂勒特(Thielert)公司生产的"百夫长"1.7或"百夫长"2.0涡轮增压直喷柴油发动机。蒂勒特公司生产的发动机吸收了现代涡扇发动机的最新技术,开发的"百夫长"涡轮增压柴油发动机动力强劲,驾驶员很容易将单油门杆设置到理想的动力输出,油耗更低,每小时耗油量仅为17L,有效降低了飞行成本。"百夫长"发动机功率为100kW,涡轮增压器确保了其比同类正常吸气式发动机更好的高空性能,装该发动机的DA40D的飞行性能可以与DA40-180相媲美,甚至航程更远。DA40D于2001年11月28日首飞,2003年年初开始交付使用。

DA40飞机具有滑翔性能好、安全性能高、重量轻、使用寿命长、耗油量低、起飞距离短、维护方便、经济环保等特点，可广泛用于航空训练、边防巡逻、森林防火、勘查、救援等众多领域，更是旅游观光、私人驾乘的理想机型。

DA40飞机在中国的教练机市场有较大数量的应用。其客户包括中国民航大学、海南航空控股股份有限公司、鄂尔多斯通用航空有限责任公司、北大荒通用航空有限公司、金胜通用航空有限公司、青岛九天飞行学院、山东通航等，主要用来进行飞行训练，DA40也由此占据了国内单发教练机的90%以上市场。DA40飞机在中国市场的优异表现，也充分证明这是一款性能良好的飞机。

（2）设计特点

DA40采用驾驶杆操纵方式，复合材料机体，前排座椅为气泡式整体透明座舱盖，后排座椅则通过左侧开启的舱门登离机，下单翼，翼尖略上翘，T形尾翼，自由转向前轮；主要部件均由玻璃纤维和碳纤维高强度复合材料制造。前起落架轮与DA20一样，不与方向舵脚蹬相连，而是采用自由转向方式。座椅是不可调节倾斜靠背座椅。DA40根据型号不同安装不同的发动机，基本型装莱康明公司生产的IO-360发动机，DA40D装"百夫长"涡轮增压柴油发动机，DA40NG使用AE300发动机。新型号DA40驾驶舱采用G1000玻璃座舱，装有2台大屏幕显示器。飞行信息可以显示在任何一块屏幕上。装备有2套导航、通信、全球定位系统。备用普通仪表集中在仪表板的顶端，便于从其他座位进行观察，这些仪表都由专有的电源供电。

（3）主要型号

DA40：早期基本型，装莱康明公司生产的135kW（180马力）IO-360发动机，其中又细致划分出DA40-180、DA40-XL、DA40-CS和DA40-XLS多个亚改型。DA40XLS如图5-11所示。

图5-11　DA40XLS

DA40D：柴油发动机型，装蒂勒特公司生产的100kW TAE125-01"百夫长"1.7或TAE125-02-99"百夫长"2.0涡轮增压直喷柴油发动机

DA40NG：新一代改进型，使用奥地利发动机公司生产的127kW（170马力）AE300，升级航电设备。

DA40XLT：改进升级型，2013年推出的内饰升级型号，改进舱内设施，机身外形经过修改。

（4）性能数据

DA40-180性能数据见表5-10。

表 5-10 DA40-180 性能数据

乘员	驾驶员1名，乘客3名
尺寸	翼展11.94m，机长8.01m，机高2.00m，机翼面积13.5m^2
重量	空重700kg，最大起飞重量1150kg
性能	最大平飞速度287km/h，75%功率巡航速度272km/h，经济巡航速度222km/h，初始爬升率326m/min，最大认证升限5000m，航程1100km（标准载油，有余油）/1480km（加装辅助油箱，有余油）
动力装置	1台莱康明公司生产的IO-360-M1A型4缸发动机，单台功率134kW

第二节 轻型运动类飞机

一、轻型运动类飞机介绍

（一）轻型运动类飞机概述

轻型运动类飞机（Light Sport Aircraft，LSA）是美国联邦航空管理局（FAA）根据民间航空提案要求于2004年新推出的一个飞机类别，是一类填补超轻型飞机和高档两座单发活塞飞机之间空白的新型通用飞机。目前世界各地飞行爱好者驾驶最多的就是轻型运动类飞机，轻型运动类飞机在购机成本、航材航油、维修费用等方面，与其他类飞机相比，具有很大的成本优势。

在美国，轻型运动类飞机一般可以分为三类。

第一类是普通轻型运动类飞机。这类飞机最大的特点是，飞机玩家可以根据自己的喜好自行改装，就像改装自己的汽车一样。

第二类是特殊轻型运动类飞机。这类飞机不允许飞机所有人自行改装，如果需要维护和升级，只能在有资质的维修基地和航电设备店里完成。

第三类是试验类轻型运动飞机（E-LSA）。这类飞机的维护和航电设备维修只能由制造商完成。

轻型运动类飞机普及的一个重要原因是驾驶该机型的门槛较低，只需简单体检合格，获取运动类飞机驾照即可驾驶。当然，拥有私人飞行驾照、娱乐类飞行驾照或者更高级别的飞行员执照者均可驾驶轻型运动类飞机，即便他们的医疗证明已经过期，只要具有有效的驾照来证明达到飞行健康水平即可。

2017年7月，中国民航管理部门在新发布的《民用航空产品和零部件合格审定规定》（CCAR-21-R4）中，将轻型运动类航空器正式列为一种新类别的航空器予以管理。轻型运动类飞机自在我国推出后，市场较为追捧，有较多的国内生产厂商开始专注于该领域飞机的研发。其中，山河Aurora飞机是国内首款向中国民航管理部门申请并获得轻型运动类飞机认证的民族自主品牌飞机，其为湖南山河科技股份有限公司自主开发的单发双座、下单翼轻型运动类飞机。湖南山河科技股份有限公司于2009年7月1日向中国民航管理部门递交Aurora SA60L轻型运动航空器型号设计批准书申请。2010年4月，民航中南局适航审定处成立审查组，经过严格的审定基础确定、工程符合性验证、验证试飞、审定试飞、极限载荷试验、认证资料审定等工作，湖南山河科技股份有限公司生产的Aurora SA60L轻型运动类飞机获得了专家组的一致认可，认定该款飞机"操纵灵敏，稳定性较好，优于或达到国外同类产品的操纵品质"。

（二）轻型运动类飞机适航审定要求

事实上，早在几年前，中国民航管理部门就在咨询通告《轻型运动航空器适航管理政策指南》（AC-21-AA-2015-25R1）中，提供了轻型运动航空器可接受的型号合格审定、生产许可审定、适航审定等方面的适航管理方法和指南。该AC附录1列出了适用于轻型运动航空器的所有ASTM标准及版本，明确申请人可以选择适用的ASTM标准作为审定基础。

1. 中国民航管理部门可接受的轻型运动航空器的标准

轻型运动航空器的种类见表5-11。

表5-11　轻型运动航空器的种类

项目	轻型运动飞机（固定翼）	滑翔机	自转旋翼机	轻于空气航空器
设计和性能	F2245-14	F2564-14	F2352-14	F2355-14
要求的设备	F2245-14	F2564-14	F2352-14	F2355-14
质量保障	F2972-14e1	F2972-14e1	F2972-14e1	F2972-14e1
生产接收检验	F3035-13	F3035-13	F2972-14e1	F2356-05a（2013）
航空器运行指令	F2245-14	F2564-14	F2352-14	F2355-14
持续适航	F2295-10	F2295-10	F2415-14	F2354-05b（2013）
维修和检查程序	F2483-12	F2483-12	F2483-12	F2483-12
发动机	F2339-06（2009） F2538-07a（2010） F2840-14	F2339-06（2009） F2538-07a（2010） F2840-14		
螺旋桨	F2506-13	F2506-13	—	—
其他	F2316-12（2014） F2626-12 F2745-11 F2746-11 F2839-11 F2930-14a	F2316-12（2014） F2626-12 F2839-11 F2930-14a	F2316-12（2014） F2626-12 F2839-11 F2930-14a	F2427-05a（2013） F2626-12 F2839-11 F2930-14a

另外，中国民航管理部门还颁布了专用于轻型运动类航空器的管理程序：《轻型运动航空器型号设计批准审定程序》（AP-21-AA-2015-37R1）、《轻型运动航空器生产批准及适航审定程序》（AP-21-AA-2015-23），为民航管理部门审查提供更详细的工作层面指导。

其中，AP-21-AA-2015-37R1对轻型运动航空器申请人的申请及批准、型号资料、试验试飞、设计保证系统、持续适航及设计更改等审查过程进行了系统、具体的明确；相对于适用性更广的《航空器型号合格审定程序》（AP-21-AA-2011-03-R4），前者程序要简化很多。

2. 轻型运动类飞机具体要求

① 最大起飞重量不超过600kg（陆地起降型）/650kg（水上起降型）。
② 最大平飞空速不超过222km/h。
③ 失速速度不超过83km/h。
④ 单双座均可。
⑤ 装不可收放式起落架。
⑥ 螺旋桨为固定桨距或地面可调桨距。
⑦ 单发，驱动装置为电动发动机或活塞发动机。

二、轻型运动类飞机典型机型介绍

轻型运动类飞机代表型号有 Aurora SA60L、JA600、航空工业 AG50、捷克"运动之星"SportStar、德国 CTLS、佳宝 J230 轻型运动飞机等。

（一）国外轻型运动类飞机

1. "运动之星"SportStar

（1）型号概况

在众多的轻型运动飞机中，捷克生产的"运动之星"SportStar 轻型运动飞机最为耀眼，如图 5-12 所示。作为全球首架获得 FAA 批准的轻型运动类飞机，"运动之星"SportStar 凭借其优良的性能在全球建立了良好的口碑。一流的品质也体现出了其生产国捷克作为老牌航空工业强国的价值。

M5-3　"运动之星"SportStar

图 5-12　"运动之星"SportStar

"运动之星"SportStar 的生产商捷飞航空工业公司是捷克最大的通用飞机制造商，有着 38 年飞机制造历史。捷飞航空工业公司拥有欧洲航空安全局（EASA）批准的、中欧最大的航空设计部，共有 220 多名飞机设计师、30 多名飞行员（部分为设计人员），汇聚了来自捷克、法国、英国、俄罗斯等国家经验丰富的优秀设计人员，其软件装备先进、齐全。该公司不但在捷克享有盛名，同时也是欧盟通用支线飞机的重点企业。

该机设计为 VFR 目视飞行，主要用于飞行训练、娱乐飞行、航空体育飞行、旅游等飞行活动。目前已有 1000 多架"运动之星"SportStar 飞机在世界 40 多个国家飞行，深受广大飞行爱好者喜爱。

（2）设计特点

"运动之星"SportStar 飞机是一种采用单发活塞发动机、并列双座、常规气动布局、下单翼、固定式前三点起落架、全金属结构飞机，100 马力的 Rotax912 发动机带动木制双叶固定螺旋桨（也可选装三叶可调螺旋桨）。其驾驶舱盖由全透明式彩色有机玻璃制成，具有良好的视线。"运动之星"SL 还装有整机的降落伞，如果出现紧急情况，可以保证飞机和人一起平安着陆。正是因为发动机省油、机身坚固和自带整机降落伞三个优点，"运动之星"SL 飞机深受世界各国的飞行航校喜欢。

（3）性能数据

"运动之星"SportStar 性能数据见表 5-12。

5-12 "运动之星"SportStar性能数据

乘员	乘员2名
尺寸	机长5.98m，机高2.48m
重量	空重308kg，满载起飞重量600kg，可用负载292kg
性能	巡航速度204km/h，最大速度213km/h，航程1300km，最大爬升率5.2m/s，实用升限4720m
动力装置	1台Rotax912活塞发动机，功率73.5kW

2. CTLS飞机

（1）型号概况

CTLS（Composite Technology Light Sport）飞机是由德国飞行设计公司（Flight Design GmbH）设计生产的单发上单翼轻型运动类飞机（图5-13），并列双座，双操纵，具备全动安定面的常规尾翼布局，复合材料机身，固定三点式起落架。CTLS飞机配备先进的Garmin和Dynon航空电子仪表；采用Rotax912ULS发动机，使用汽车汽油为燃料；机体配备降落伞；最大航程1800km，续航时间可达8h；具备同级别最宽敞的驾驶舱。该飞机在全世界应用于各种用途的飞行，可以完成飞行训练、巡查、航空摄影、广告拖曳、拖挂滑翔机等作业。

图5-13 CTLS轻型运动飞机

德国飞行设计公司是全球领先的、设计和生产轻型运动类飞机的专业厂家。公司总部、技术研发机构和维修中心、交付中心位于德国，其全资工厂位于乌克兰。2013年，中国威翔航空科技（厦门）有限公司顺利取得德国飞行设计公司生产的CTLS飞机的生产制造技术移转，并于2015年获得中国民航管理部门颁发的生产许可及型号许可，2016年开始出货到美国等全球市场，2018年，威翔航空科技（厦门）有限公司正式取得CTLS飞机在亚太地区的所有权。

（2）设计特点

CTLS飞机全面采用碳纤维技术，在强度、耐久性、重量、抗腐蚀性和抗疲劳方面，均有出色的表现。安全座舱可以保护机内人员。机身结构的材质吸收能量，并且大幅降低了着陆时所发生的振动。从2006年起，机体降落伞成为CTLS飞机的标准装备，为乘员提供了更加安全的保障。CTLS飞机使用Rotax912系列发动机，以汽车汽油为燃料，在航空汽油供应紧俏的背景下，CTLS飞机的飞行者将享受极大的便利。其诸多出色的性能指标使其成为同级别飞机中的领先者。CTLS系列运动飞机在欧洲和北美运动类飞机市场上销售量排名第一。

（3）性能数据

CTLS飞机性能数据见表5-13。

表5-13 CTLS飞机性能数据

乘员	乘员2名
尺寸	机长6.6m，机高2.34m，翼展8.59m，机翼面积9.98m²
重量	空重326kg，最大起飞重量600kg
性能	最大平飞速度240kg/h，最大限速300kg/h，航程1800km，最大爬升率5.2m/s，实用升限4720m
动力装置	1台Rotax912ULS活塞发动机，功率73.5kW

3. 佳宝J230-D

（1）型号概况

佳宝J230-D是一款双座、全复合材料运动类飞机（图5-14），产自澳大利亚班达伯格，是澳大利亚娱乐飞机的典型。佳宝J230-D是澳大利亚佳宝J系列产品中的最新研发成果，它采用了最新的轻型飞机技术，并在中国设有工厂生产。佳宝公司专为佳宝飞机设计了4冲程的JABIRU 3300CC活塞发动机，这在Rotax发动机几乎占据世界轻型飞机市场大部分份额的现状下显得异常难能可贵。佳宝公司很骄傲于自己生产的航空发动机，并声称其拥有同等重量上的最佳功率以及诱人的价格。或许这也是佳宝系列飞机保持其价格优势的原因之一，因为轻型运动飞机的价格很大一部分取决于发动机的价格。舒适的内饰，大容量行李舱，机翼及载荷能力提供更高的性能和更好的操作性，无论客户的任务是飞行训练，或是大范围的空中旅行冒险，佳宝J230-D都可满足需求和预算。

图5-14 佳宝J230-D

2008年中澳航空科技股份有限公司（简称中澳航空）在辽宁盘锦成立，并开始在国内代理销售佳宝系列飞机。2012年佳宝J230-D飞机取得中国民航管理部门颁发的型号设计批准书，2014年3月取得生产许可证，中澳航空由此正式迈入飞机制造商行列。2018年中澳航空整体搬迁至江苏射阳县，同时向华东地区管理部门提交PC申请。2019年1月27日，中澳航空完成了首架"射阳造"佳宝飞机的生产试飞任务。

（2）设计特点

佳宝J230-D飞机采用上单翼，全复合材料结构，并排固定座位与中心控制，仪表板嵌入式油门。为简单维护所设计，上部和下部的整流罩可以轻易打开。辅助燃油泵易于启动增加了飞行的安全性；固定螺距式的木制螺旋桨，可选航电设备，包括VHF收发器、PM501对讲机和耳机式海拔编码器应答机。专为佳宝飞机设计的4冲程JABIRU 3300CC活塞发动机，具有传统轻型飞机的全部引擎管理功能。

（3）性能数据

佳宝J230-D性能数据见表5-14。

表5-14 佳宝J230-D性能数据

乘员	乘员2名
尺寸	机长6.55m，机高2.40m，翼展9.58m，机翼面积9.49m²
重量	空重326kg，最大起飞重量600kg
性能	最大飞行速度259km/h，75%功率下的巡航速度222km/h，航程1480km，最大爬升率233m/min，实用升限4572m
动力装置	1台JABIRU 3300CC活塞发动机

（二）国内轻型运动类飞机

1. 阿若拉SA60L

（1）型号概况

山河SA60L是湖南山河科技股份有限公司自主研制的单发双座轻型运动飞机（图5-15），其飞行性能、安全性均达国际先进水平，是我国第一款通过中国民航适航认证的民族品牌轻型运动类飞机，在中国轻型运动类飞机市场占有率第一。用3个月的时间就获得美国FAA颁发的适航证，飞机质量及飞行性能获得高度认可。

图5-15 山河SA60L

山河SA60L飞机历经了十多年的技术积淀，不断进行技术优化和创新，已成功开发出SA60L、SA60L-T、SA60L-iS三个型号，共十个型别。山河SA60L标准系列飞机配置Rotax912 ULS2航空发动机和机械仪表航电系统，其外形美观，使用维护方便，综合性价比非常高，适合私人飞行、飞行员培训、飞行体验、旅游观光、航测遥感和航拍摄影等。

（2）设计特点

该机型主体结构采用碳纤维材料制作，质量轻，强度高，具备特技飞行性能，起降距离短，可在土路、草地等环境安全起降；使用95号车用汽油，百公里油耗仅8L。该机及衍生机型可以应用于不同的军事应用领域；可搭载双油门操纵、整机救生、夜航等系统，作为空军飞行员初次遴选和初级训练机应用；可搭载激光、爆闪灯等设备，应用于军用机场驱鸟；还可作为遥感航测飞机，执行侦察、地形测绘、公安缉毒、海关监视等军事或准军事任务。

（3）主要型号

SA60L：标准版。

SA60L：航测版，配备了北京量子星光科技有限公司生产的PAN-U5全套标配航测设备，是目前全国性价比最高的载人小飞机航测平台。

SA60L：特装版，驱鸟版，搭载激光、曝光灯及由鸟类天敌叫声组成的驱鸟系统。

SA60L：遥感版，在其机腹设计了前、后两个设备窗口，可搭载不同设备进行特种作业，可选装14V/480W外置发电机。

（4）性能数据

阿若拉SA60L性能数据见表5-15。

表5-15　阿若拉SA60L性能数据

乘员	乘员2名
尺寸	机长6.89m，机高2.53m，翼展8.6m，机翼面积9.49m²
重量	空重350kg，最大起飞重量600kg
性能	不可超越速度270km/h，巡航速度220km/h，航程1200km，最大升限4500m
动力装置	1台Rotax912ULS2活塞发动机

2. 领航者JA600

（1）型号概况

领航者JA600是武汉卓尔宇航集团研发生产的一款单发、双座、下单翼、全金属结构的轻型运动类飞机（图5-16），采用全数字化设计与制造技术生产。2019年11月，武汉卓尔宇航集团获中国民航管理部门正式颁发的领航者JA600飞机生产许可证。

JA600配有触控式操控显示系统、自动驾驶仪等先进航电设备，续航里程为1240km，可使用欧标车用95号汽油，百公里最低油耗仅为8L，是世界上技术领先的轻型飞机之一。JA600飞行操控性好，可在公路或草坪上起飞、着落，驾驶也非常简单，甚至就像打电玩一样轻松，驾乘者可充分体验飞行乐趣。JA600作为一款优秀的轻型飞机，可以用来进行飞行驾照培训、飞行运动体验、低空旅游等。

图5-16　领航者JA600

（2）设计特点

领航者JA600采用桁条式机身结构，外部铆接金属蒙皮，其机身壳体刚度较大，坚固稳定。机翼采用下单翼设计，大翼采用桁梁结构，提升机翼强度和飞机稳定性，使乘坐更加舒适。起落架采用前三点、固定式设计，前轮随动系统使飞机滑行、滑跑更加灵活，且便于维护。发动机采用Rotax912ULS发动机，经济性优越。座舱采取玻璃化设计，搭配Garmin综合仪表显示系统，屏幕上可显示导航、发动机工况、飞行数据等，数控化程度高，操作界面简洁高效，人机交互性好。飞机还配有整机降落伞，在紧急情况下，确保整机及人员的安全。

（3）性能数据

领航者JA600性能数据见表5-16。

表 5-16　领航者 JA600 性能数据

乘员	乘员 2 名
尺寸	机长 7.1m，机高 2.5m，翼展 9.9m
重量	空重 370kg，最大起飞重量 600kg
性能	最大机动速度 145km/h，最大平飞速度 209km/h，不可超越速度 235km/h，爬升率 3.6m/s，航程 1240km
动力装置	1 台 Rotax912ULS 活塞发动机，100 马力

第三节　多用途飞机

一、多用途飞机介绍

1. 多用途飞机概述

多用途飞机是指可用于客货运输及其他社会服务的 6～10 座通用飞机。多用途飞机数量繁多、用途庞杂。这类飞机的特征是外形尺寸不大，飞行速度低，技术不复杂，一般加装了专用设备，并且飞机还具有经济性和可靠性高、维护简便等特点。由于其改装方便、适用性强，因而得到了广泛应用，如运 -12（Y-12），既可用于客货两用运输，也可用于地质勘探、海洋监测、空中游览等；又如赛斯纳飞行器公司生产的 F406"凯旋"Ⅱ，可用于空中灭火、边境巡逻、跳伞训练、海洋侦察、医疗救护及监护飞行等。

按照发动机的类型，多用途飞机可大致分为活塞式飞机和涡桨飞机。早期的多用途飞机多为活塞式飞机，飞机性能有所限制，一般承担小型客货运输、社会服务等任务，使用灵活性强。有些型号换装涡桨发动机后又获得了新的活力，典型飞机如"探险家"（Explorer）、GA-8 等。

涡桨飞机的典型飞机有美国赛斯纳飞行器公司生产的 208 "凯旋"、瑞士皮拉图斯飞机公司生产的 PC-12、中国哈尔滨飞机工业集团有限责任公司生产的运 -12 等。这些飞机多为较新型机，飞行性能较活塞式飞机有较大提高，同时乘坐舒适性也大幅改善，因而用途广泛。

2. 主要技术特点

多用途飞机大多采用悬臂式上单翼，机身宽敞以便承受更多载荷，高、后掠垂直尾翼，以方便货物装卸或进行航空作业。飞机采用单发或双发涡桨发动机，少数使用活塞发动机。装备前三点式起落架，有些飞行高度低、飞行距离短的飞机起落架不可收起，许多飞机可在简易跑道甚至沙地、草地上起降。新研制的多用途飞机装备了先进的航电设备，带防冰和除冰系统。飞机的客舱设计注重多功能化，后舱门和客舱底板易于根据不同用途进行改装，多采用 1 名驾驶员。

3. 多用途飞机的应用

多用途飞机最常用于中短途客货运输。由于飞机可以在多种简易条件下起降，因而可执行小型包裹 / 货物运输以及搜索与救援等专门任务。多用途飞机承担的任务还有飞行员培训、地质勘探、海洋监测和空中游览等。

鉴于多用途飞机的通用性和使用简便等特点，许多飞机都有军用改型，承担了大量军事任务。如赛斯纳"凯旋"的军用型 U-27A，可用于军民用客运、货运、空投物资、电子侦察、前线空中指挥、海上巡逻、搜索与救援等多种任务，在许多国家的陆军、空军、警察部队和其他政府部门中获得广泛使用。

二、多用途飞机典型机型介绍

多用途飞机代表型号：航空工业生产的运-5、运-12，赛斯纳飞行器公司生产的赛斯纳208"大篷车"、赛斯纳400"科瓦利斯"TT、"奖状君主"、"奖状优胜"/"奖状"XLS、"奖状"X，加拿大德·哈维兰飞机公司生产的DHC-6"双水獭"，皮拉图斯飞机公司生产的PC-6"搬运工"、PC-12，派珀飞机公司生产的PA-42"夏延"Ⅲ，布里顿-诺曼公司生产的BN-2"海岛人"，湾流宇航公司生产的"湾流"G150，庞巴迪宇航集团生产的里尔60、里尔45，豪客·比奇公司生产的"空中国王"300/350等。

（一）国外多用途飞机

1. 赛斯纳208"大篷车"

（1）型号概况

赛斯纳208"大篷车"（Caravan）系列是赛斯纳飞行器公司研制的10座（最多可布置15座）单发涡桨式多用途轻型通用飞机，广泛用于客货运输。赛斯纳208经过不断改进衍生出多种不同的改型。赛斯纳208以其优良的适应能力著称。该机可采用不同形式的起落架，以适应不同的起降场地的作业要求，也可换装浮筒式起落架实现水面起降作业。

20世纪80年代，赛斯纳飞行器公司开始研制10座的单发涡桨式飞机，用于取代已显老旧的德·哈维兰公司生产的"海狸""水獭"飞机及小型的赛斯纳飞机。1982年12月9日，赛斯纳208原型机首飞，1984年10月23日获得美国联邦航空管理局颁发的型号合格证，1985年开始批量生产并投入使用。

赛斯纳208"大篷车"与美国联邦快递公司有密切联系，在美国联邦快递公司要求下，赛斯纳飞行器公司特别生产了2个纯货运机型。第一个是赛斯纳208A"货运霸主"（交付了40架），第二个是升级的赛斯纳208B"超级货运霸主"（交付了40架，见图5-17）。首架"超级货运霸主"于1986年进行首飞，该机机身加长了1.22m，具有更大的运载能力，还增设了机腹货物吊舱。美国联邦快递公司订购的飞机没有安装客舱窗户。赛斯纳208B"华丽大篷车"于1990年首飞，同"超级货运霸主"一样，是赛斯纳208A"大篷车"基本型的升级版，采用了505kW（675马力）PT6A-114发动机。它最多能搭乘14名乘客。在1997年的美国公务机协会年会上，赛斯纳飞行器公司宣布将用赛斯纳208A"大篷车"675取代赛斯纳208A"大篷车"基本型。它采用赛斯纳208A的机体以及赛斯纳208B功率为675马力的PT6A-114发动机。赛斯纳208"大篷车"系列还提供可选装的机腹货物吊舱、水上浮筒和雪地滑橇，并且能方便地从货运型布局转换为客运型布局。索罗依（Soloy）公司还在赛斯纳208B的基础上改装了一种双发机型，取名为"开路者"21。该机型装2台PT6D-114A发动机，通过变速箱共同驱动一副螺旋桨。"开路者"21的其他重要改

M5-4 赛斯纳208

图5-17 联邦快递公司的赛斯纳208B"超级货运霸主"

装包括机翼后机身延长了1.8m,加大了内部货舱。赛斯纳208在我国主要用于短途支线包机客货运输,中国境内有40多架正式注册的赛斯纳208"大篷车"系列飞机。

(2)设计特点

赛斯纳208"大篷车"采用全金属半硬壳式结构,撑杆式上单翼,低平尾翼,单垂尾和前三点不可收放式起落架或水上起降的浮筒式起落架以及适于冰雪场地的滑橇式起落架。该系列型号飞机可靠性、经济性和灵活性较好,可使用简易跑道,具备足够的载荷能力。加装专业设备后具有多用途的优势。赛斯纳208"大篷车"配装1台功率505kW的普·惠加拿大公司生产的PT6A-114涡桨发动机,美国哈策尔公司生产的4桨叶恒速螺旋桨。

(3)主要型号

赛斯纳208A"大篷车"Ⅰ:基本型,使用1台普·惠加拿大公司生产的600马力PT6A-114涡桨发动机,1982年年底首飞,1985年开始投入使用,已停产。

赛斯纳208A"大篷车"675:选用675马力的PT6A-114A新型涡桨发动机,1998年开始投入使用。

赛斯纳208A"货运霸主":联邦快递公司要求研制的全货运型,取消舷窗,取消了右后门,增加了机腹货舱和排气装置。1986年开始交付投入运营。

赛斯纳208B"超级货运霸主":应联邦快递公司要求的改进型,在赛斯纳208A"货运霸主"基础上加长1.22m,货运能力得到进一步加强。

赛斯纳208B"华丽大篷车":在"超级货运霸主"基础上研制的加长型客运飞机,重新恢复机舱舷窗,可载客14人,1990年首飞并交付使用。

"两栖大篷车":安装水上浮筒起落架的不同型号"大篷车",可以水陆两栖作业。

赛斯纳加长型"大篷车"208EX水陆两栖飞机,如图5-18所示。

图5-18 赛斯纳加长型"大篷车"208EX水陆两栖飞机

(4)性能数据

赛斯纳208B"华丽大篷车"性能数据见表5-17。

表5-17 赛斯纳208B"华丽大篷车"性能数据

乘员	驾驶员1名,乘客9名(标准)/14名(最大)
尺寸	机长12.67m,翼展15.88m,机高4.32m,机翼面积26.0m²
重量	空重2073kg,满载起飞重量3970kg
性能	巡航速度317km/h,航程2000km,爬升率3.9m/s
动力装置	1台普·惠加拿大公司生产的PT6A-114A涡桨发动机,功率505kW(675马力)

首架"中国造"208飞机走出国门

2022年3月25日,航空工业通飞与德事隆合资企业——石家庄中航赛斯纳飞机有限公司(以下简称"合资公司")向蒙古国客户Mongolian Airways成功交付一架赛斯纳208EX加长型"大篷车"飞机,如图5-19所示。

此次交付具有独特的纪念意义,从签署合同到交付仅历时2个月,创下了向国外客户交付飞机周期的新纪录,开启了合资公司交付服务提升的新起点,是合资公司生产与总装能力不断精进、影响力与辐射力持续扩大、国际市场开拓实力不断增强的综合体现。

此次交付实现了合资公司2022年度销售工作"开门红",为实现2022年销售目标,拓展新客户,打开了新思路,为合资公司完成全年度经营目标奠定了良好的基础。

图5-19 赛斯纳208EX

2. 赛斯纳400"科瓦利斯"TT

(1)型号概况

赛斯纳400是赛斯纳飞行器公司生产的一种单发活塞式通用飞机(图5-20),这款飞机给人的最初感受就是没有赛斯纳飞机的典型特征。事实上,该机也确实不是赛斯纳飞行器公司的嫡传型号。该机源自兰斯飞机制造公司的"哥伦比亚"系列飞机。2007年,该公司被赛斯纳飞行器公司收购,"哥伦比亚"系列飞机也就归属到赛斯纳飞行器公司旗下,其中"哥伦比亚"400被更名为赛斯纳400。该机被命名为"科瓦利斯"TT(Corvalis TT),其中"TT"表示"双涡轮增压"。

赛斯纳400"科瓦利斯"TT整个机身均由碳纤维复合材料制造,具有十分优异的力学性能,其强度是钢的62倍左右,即使在高温环境下,也可以保持强度不变,这是其他复合材料所不能比拟的。此外,采用碳纤维复合材料结构的机身重量比金属结构的重量减轻了31.5%,零件减少61.5%,紧固件减少61.3%。

在内饰上,赛斯纳400"科瓦利斯"TT可以说是现代与经典的完美结合。奢华皮质座椅和皮质驾驶舱均为纯手工打造,三点紧固式安全带为驾驶员和乘客提供最大限度的安全保障。舱内的空调系统实时监测舱内的温度和舒适度,并对其进行自动调节。独特的侧操作杆设计,从驾驶舱侧壁凸伸出来,这样在关上舱门时,驾驶员可以将自己的胳膊放在舱门的肘架垫上,而且手还可以做自由调整操纵杆的精细动作,操作起来既简单又舒适。

在动力上,赛斯纳400"科瓦利斯"TT采用大陆发动机公司生产的电喷发动机,最大航速可以达到435km/h,最大航程可达2315km。事实上,赛斯纳400"科瓦利斯"TT一直保持着世界上单发活塞式4座飞机飞行速度纪录。强劲的发动机动力和双涡轮增压系统可以使它飞到其他活塞式飞机难以达到的7600m的高度，而四点供氧系统保证了飞机在任何高度时驾驶舱内的氧气供应。

图5-20　赛斯纳400

（2）设计特点

赛斯纳400整个机身均由碳纤维复合材料制成，机体更轻巧、更坚固。该机采用悬臂式下单翼常规尾翼布局，机翼与平尾无后掠角，垂尾与机身为整体结构，有后掠角。固定式前三点起落架，装有机轮整流罩。还采用了高明公司生产的G1000航电系统，安装艾维达因公司生产的27cm彩色液晶显示器和EMax发动机/燃油监视系统。动力系统采用大陆发动机公司生产的TSIO-550-C型6缸水平对置电喷发动机，装有2套涡轮增压系统和2套风冷系统。

（3）主要型号

赛斯纳400：基本型。

赛斯纳400i：升级改进型，采用了G1000航电系统。

赛斯纳400SL：赛斯纳400i的改进型，完善改进了航电系统，提高了乘坐舒适性。

赛斯纳400SLX：赛斯纳400SL的改进型，进一步完善了标准配置。

（4）性能数据

赛斯纳400"科瓦利斯"TT性能数据见表5-18。

表5-18　赛斯纳400"科瓦利斯"TT性能数据

乘员	驾驶员1名，乘客3名
尺寸	机长7.67m，翼展11m，机高2.74m，机翼面积13.1m²
重量	空重1134kg，最大起飞重量1633kg
性能	最大巡航速度435km/h，正常巡航速度332km/h，最大航程2315km，实用升限7600m
动力装置	1台大陆发动机公司生产的TSIO-550-C型6缸水平对置电喷发动机，功率230kW

3. DHC-6"双水獭"

（1）型号概况

DHC-6"双水獭"是加拿大生产的最成功的民用飞机机型。"双水獭"以其耐用的结构和良好的短距起降性能深受欢迎，在同型号中，"双水獭"可能是世界上最畅销的飞机。

"双水獭"飞机的开发应追溯到1964年1月，当时加拿大德·哈维兰飞机公司开始设计一种新的短距起降双发涡桨式通勤飞机（座位数为13~18个）和公共运输机。新机型指定为DHC-6，1964年11月起开始制造原型机，1965年5月20日进行了首飞，1966年年中获得适航证。首架"双水獭"飞机作为加拿大德·哈维兰飞机公司对加拿大安大略省的援助开始了长时间的营运。

首批生产的是DHC-6"双水獭"100系列飞机，其设计特点包括提升短距起降性能的双开缝后缘襟翼及共同动作副翼。与后来生产的DHC-6"双水獭"200和DHC-6"双水獭"300系列相比，DHC-6"双水獭"100系列的特点是机头较粗短。

1968年4月，DHC-6"双水獭"200系列飞机问世，主要改进是加长了机头，重新构建了后客舱和储物舱，极大地增加了行李储存空间。

从1969年生产的第231架飞机起，新生产的机型型号为DHC-6"双水獭"300（图5-21），其特点包括机头加长，使用了动力更强劲的发动机，起飞重量增加了450kg，内部座位数量增加到20个。另外，20世纪70年代中期还生产了6架安装雪橇和浮筒的增强型DHC-6"双水獭"300型飞机，1988年，DHC-6"双水獭"300系列停产。

图5-21　DHC-6"双水獭"300

2006年2月24日，加拿大维京航空公司向庞巴迪宇航集团购买了已经归属庞巴迪宇航集团的加拿大德·哈维兰飞机公司DHC-1至DHC-7飞机的生产专有权和全套装配生产设备，继续以加拿大德·哈维兰飞机公司的名义生产DHC系列飞机。2006年7月17日，在范堡罗航展上，维京航空公司宣布重新启动生产DHC-6"双水獭"系列飞机，并开展DHC-6"双水獭"400系列飞机的研发工作，如图5-22所示。DHC-6"双水獭"400系列进行了重大改进，包括采用更大功率的普·惠加拿大公司生产的PT6A-34发动机，霍尼韦尔公司生产的Primus Apex综合航电系统，电气和照明系统的现代化改进，机体部件采用复合材料的非承重结构等。

图5-22　DHC-6"双水獭"400

1978年中国从加拿大引进DHC-6"双水獭"飞机，1980年开始执行航空磁测任务。自此，国内有多家单位和公司采购了DHC-6"双水獭"飞机开展各项业务。

（2）设计特点

DHC-6"双水獭"采用了上单翼双发动机布局，该机机翼为双梁式结构带斜撑杆，结构重量轻，平面形状为矩形。机身为全金属、长桁隔框式半硬壳结构，前段为驾驶舱，中段是客货舱，能布置旅客座椅或装载货物，安装进行农药喷洒和地质勘探的设备等。尾翼垂尾为全金属结构、垂直安定面的前后梁插入后机身中与加强框相连。装2台普·惠加拿大公司生产的PT6A涡桨发动机。

（3）主要型号

DHC-6"双水獭"100：基本型，装2台普·惠加拿大公司生产的431kW（550马力）PT6A-20发动机。

DHC-6"双水獭"200：气动外形及舱内改进型。

DHC-6"双水獭"300：动力增强、加大起飞重量改型，装2台普·惠加拿大公司生产的462kW（580马力）PT6A-27发动机。

DHC-6"双水獭"400：重新生产改进型，装2台普·惠加拿大公司生产的PT6A-34发动机，航电设备全面升级。

（4）性能数据

DHC-6"双水獭"100性能数据见表5-19。

表5-19　DHC-6"双水獭"100性能数据

乘员	驾驶员2名，乘客20名（标准支线客机布局）
尺寸	机长15.09m，翼展19.81m，机高5.94m，机翼面积39m²
重量	基本使用空重2653kg，最大起飞重量4763kg
性能	最大巡航速度297km/h，满油最大航程1437km，最大航程1344km（975kg载荷）
动力装置	2台普·惠加拿大公司生产的PT6A-20涡桨发动机，单台功率431kW，驱动两副3桨叶螺旋桨

4. PC-6"搬运工"

（1）型号概况

瑞士皮拉图斯PC-6"搬运工"（Porter）系列飞机是一款单引擎活塞/涡轮螺旋桨飞机（图5-23），是目前全球先进的多用途飞机，被誉为空中"涡轮搬运工"，以其独一无二的短距起降性能和低速操纵能力而闻名。

图5-23　PC-6"搬运工"

PC-6的设计工作自1957年开始，研制成功的"搬运工"飞机于1959年5月4日首飞，第一架生产型飞机于1960年交付，最初装GSO480型6缸活塞发动机，不久后又改装涡桨发动机。装涡桨发动机的PC-6/B于1964年首次交付，至今该型号系列中的机型仍在生产，初期型号装410kW的PT6A-6或PT6A-20发动机。PC-6/B2-H2于1970年首飞，装PT6A-27发动机，增加了最大起飞重量，背鳍加大，修改了翼尖整流罩，加强了机身结构且改进了起落架。

PC-6优异的短距离起降性能是其重要能力之一，它的机动灵活性使之能够完成其他机型所不能完成的任务。通过低压轮胎，双卡钳盘式制动器和具有高减振效果的起落架，使得PC-6在恶劣条件下也可以发挥其出众的能力。由于其上单翼和螺旋桨的离地距离大，PC-6比常规前三点构型的飞机遭受恶劣跑道的损坏小很多。PC-6可以在任何条件、任何气候、边远地区及高海拔地区正常起降,包括各种未经平整的、短距离的沙石草地跑道。由于它的稳固飞行和很好的负载能力,已被全世界 30 多个国家采用为民用飞机。到目前为止,有 500 多架 PC-6 在世界各地的上空飞行。

但是,近年来,由于年限问题和其他一些认证参数方面的原因,PC-6 这款单发涡桨飞机销量逐渐下滑且发展机会有限,皮拉图斯飞机公司已于 2019 年停止生产 PC-6,其业务重心转向公务机研发。

(2)设计特点

PC-6 采用斜撑式上单翼、正常尾翼布局,各翼面均为矩形平直翼,垂尾前有面积较大的背鳍。固定式后三点起落架,可选装滑橇式起落架或水陆两栖浮筒。机身为全金属、长桁隔框式半硬壳结构,机身截面为矩形,前段为驾驶舱,中段是客货舱,客货舱两侧均装有大型舱门。动力装置为 1 台普·惠加拿大公司生产的 PT6A 发动机或加雷特公司生产的 TPE331 发动机。

(3)主要型号

PC-6/A:透博梅卡涡桨发动机型,装透博梅卡公司生产的 390kW 阿斯泰祖ⅡE 或阿斯泰祖ⅡG 涡桨发动机。

PC-6/B:普·惠发动机型,装普·惠加拿大公司生产的 410kW PT6A-6A 发动机。

PC-6/C:加雷特发动机型,装加雷特公司生产的 429kW TPE331-25D 发动机。

PC-6/B2-H4:装普·惠加拿大公司生产的 507kW PT6A-27 涡桨发动机,采用上翘式翼尖。

(4)性能数据

PC-6/B2-H4 性能数据见表 5-20。

表 5-20　PC-6/B2-H4 性能数据

乘员	驾驶员 1 名,乘客 10 名
尺寸	机长 11m,翼展 15.87m,机高 3.2m,机翼面积 30.15m^2
重量	空重 1270kg,最大起飞重量 2800kg,有效载荷 1130kg
性能	最高限速 280km/h,最大速度 232km/h,巡航速度 213km/h,失速速度 96km/h,航程 730km,转场航程 1612km,实用升限 8197km
动力装置	1 台普·惠加拿大公司生产的 PT6A-27 涡桨发动机,功率 507kW

5. PC-12

(1)型号概况

皮拉图斯飞机公司生产的 PC-12 是单引擎涡轮螺旋桨通用飞机(图 5-24),该型飞机的主要市场是公司运输和支线客机运营商。1989 年 10 月,皮拉图斯飞机公司在美国公务机协会年会上宣布其正在研发 PC-12。第一架原型机于 1991 年 5 月 31 日首飞,1994 年 3 月 30 日取得瑞士认证,1994 年 7 月 15 日取得 FAR 23 部认证。

与其主要的竞争对手、双发的"空中国王"200 相比,PC-12 最明显的设计特点在于采用 1 台 PT6A-67B 涡桨发动机。PC-12 的客舱比"空中国王"200 长 6cm、宽 15cm,高度相同。驾驶舱具有电子飞行仪表显示功能,经过认证,PC-12 可以单驾驶员操作。在 PC-12 后机身还装有标准的货舱门。目前为止,所有飞机全部安装了气象雷达。该机于 1997 年进行改进后最大起飞重量增加到 4.5t,1998 年开始,更换了更小的新型翼梢小翼。

PC-12 标准布局是 9 座,客货混合布局有 4 个乘客座位,公务机布局则是 6 座。早期生产的大部分 PC-12 采用的是公务机布局,后来由于澳大利亚、巴西、加拿大和美国的法规允许单发涡桨式飞机在这些国家用于仪表飞行规则的定期客运的影响,这为 PC-12 打开了新的市场,即取代较老的双发"空中国王"PA-31 和赛斯纳 400 系列作为通勤飞机运行。PC-12 已是世界上连续几年最

图5-24　PC-12

畅销的单引擎涡轮增压发动机飞机，截至2017年6月交付1500架。

（2）设计特点

PC-12采用悬臂式下单翼、T形尾翼布局，机翼为梯形平直翼带有翼梢小翼，平尾安装角可调，垂尾后掠，有面积较大的背鳍和两片腹鳍。可收放式前三点起落架，适合在草地或简易跑道上起降，主起落架向内收，前起落架向后收。机身为全金属半硬壳结构，主要为铝合金材质，发动机整流罩部分玻璃纤维/蜂窝夹层结构有钛合金防火壁。动力装置为1台普·惠加拿大公司生产的PT6A-67B发动机。

（3）主要型号

PC-12/45：1996年推出的型号，装普·惠加拿大公司生产的PT6A-67B发动机，最大起飞重量4500kg。

PC-12/47：2005年推出的型号，装普·惠加拿大公司生产的PT6A-67B发动机，最大起飞重量4740kg。

PC-12/47E（PC-12NG）：2008年推出的型号，装普·惠加拿大公司生产的PT6A-67P发动机，升级了航电系统。

（4）性能数据

PC-12/45性能数据见表5-21。

表5-21　PC-12/45性能数据

乘员	机组人员1名或2名，乘客9名（支线客机布局）/6名（公务机布局）/4名（客货运混装布局）
尺寸	机长14.4m，翼展16.23m，机高4.27m，机翼面积25.8m^2
重量	空重2600kg，最大起飞重量4500kg
性能	最大巡航速度500km/h，经济巡航速度430km/h，初始爬升率8.53m/s，实用升限9140m，最大航程4187km（经济巡航速度下目视飞行规则，有余油）/2965km（最大巡航速度下仪表飞行规则，有余油）
动力装置	1台普·惠加拿大公司生产的PT6A-67B涡桨发动机，功率895kW 4桨叶定速哈策尔螺旋桨

6. PA-42"夏延"Ⅲ

（1）型号概况

派珀飞机公司针对比奇飞机公司生产的"空中国王"双发涡桨式系列飞机，研发了PA-42"夏延"（Cheyenne）系列飞机。该机是早期PA-31T"夏延"的放大型号。PA-42"夏延"Ⅲ研发项目于1977年9月对外公开，首架"夏延"Ⅲ于1979年5月18日首飞，1980年年初取得美国联邦航空管理局的适航证。

与PA-31T"夏延"相比，PA-42"夏延"Ⅲ（图5-25）大约加长了1m，装2台530kW（720马力，

故又称作PA-42-720）PT6A-41涡桨发动机，并采用了T形尾翼（这也是PA-31T和PA-42最明显的外形区别），于1980年6月30日开始向用户交付。

"夏延"Ⅲ经过改进出现了PA-42-720"夏延"ⅢA，安装PT6A-61发动机，飞行升限更高，系统和内饰都有所改进。

图5-25　PA-42-720

更换更强动力的PA-42-1000与PA-42-720基本相同，使用735kW（1000马力）的加雷特公司生产的TPE331涡桨发动机，驱动4桨叶螺旋桨。PA-42-1000作为派珀飞机公司生产的最大、最快的飞机，最早被称为"夏延"Ⅳ，之后又被称为"夏延"400LS，简称"夏延"400，该机于1983年2月23日首飞，于1984年年底开始交付。

（2）设计特点

PA-42气动布局继承了派珀飞机的传统，采用悬臂式下单翼，发动机短舱内侧翼段前缘带后掠角，外侧翼段为梯形平直机翼，装有翼尖吊舱，T形尾翼，带前伸式背鳍的后掠式垂尾。可收放式前三点起落架，采用派珀飞机公司生产的油-气缓冲器，主起落架向内收起，前起落架向后收起。2台普·惠加拿大公司生产的PT6A发动机或2台加雷特公司生产的TPE331发动机安装在两侧机翼上。

（3）主要型号

PA-42-720"夏延"Ⅲ：安装普·惠加拿大公司生产的720马力PT6A-41涡桨发动机。

PA-42-720"夏延"ⅢA：安装普·惠加拿大公司生产的720马力PT6A-61涡桨发动机。

PA-42-1000"夏延"Ⅳ（"夏延"400LS）：安装加雷特公司生产的1000马力TPE331涡桨发动机。

（4）性能数据

PA-42-720"夏延"Ⅲ性能数据见表5-22。

表5-22　PA-42-720"夏延"Ⅲ性能数据

乘员	驾驶员1~2名，乘客6~9名（典型公务机客舱布局可载乘客6名）
尺寸	机长13.23m，翼展14.53m，机高4.56m，机翼面积27.2m^2
重量	空重2900kg，最大起飞重量5120kg
性能	最大速度537km/h，最大巡航速度461km/h，经济巡航速度413km/h，初始爬升率8.53m/s，实用升限10040m，最大航程3100km
动力装置	2台普·惠加拿大公司生产的PT6A-41涡桨发动机，单台功率530kW，3桨叶哈策尔螺旋桨

7. BN-2"海岛人"

（1）型号概况

BN-2"海岛人"是布里顿-诺曼公司于1963年设计的第二种机型，作为德·哈维兰飞机公司生产的"速龙"（Dragon Rapide）飞机的升级替代产品，BN-2"海岛人"是最初为满足非洲喀麦隆市场商业飞行需要，设计生产的一种强度高、使用费用低、易于保养、耐用性强且速度较快的短程运输机。BN-2"海岛人"一个特别之处是机舱没有中央走廊，分别在机身两侧设置3个舱门供乘客登离机。其原型机装有1台155kW的IO-360发动机，于1965年6月13日完成试飞。

1970年，布里顿-诺曼公司推出了"海岛人"的一种加大型号，机身加长2.3m，机翼加长1.22m，在垂尾上增加了一台发动机，这就是BN-2A MKⅢ"三发海岛人"。除了加长机身和机翼，"三发海岛人"还使用了更大的轮胎，机头也被加长，里面设置了一个行李舱。"三发海岛人"的客舱布置非常灵活，它可以在未坐满人的情况下，迅速把一部分客舱转换成货舱。"三发海岛人"一共生产了72架，于1984年停产。

BN-2"海岛人"第一架量产飞机由1台195kW的O-540发动机提供动力，该发动机成为BN-2基础型的标准配置发动机，该机于1967年完成首飞，该型只有小批量生产。从1970年开始，装IO-540发动机225kW的改进型BN-2A采用了转向起落架、机翼前缘，副翼增设了整流罩，起飞重量也有所增加。

1972年，4种新机型面世，装195kW发动机的BN-2A-26和延长翼尖的BN-2A-27，装225kW发动机的BN-2A-20和延长翼尖的BN-2A-21，4款机型都增加了起飞重量。BN-2B型进行了更大的改进（图5-26），改进了内部装饰、仪表板，减小了螺旋桨直径。布里顿-诺曼公司从1981年开始生产安装艾利逊250涡桨发动机的BN-2T。

"海岛人"飞机的双发设置和上单翼是非常实用的设计，是一架适用性非常好的飞机。除商业飞行外，"海岛人"在其他方面也取得了一些成就，被成功地应用于警察、海岸警卫队和军队，例如在机头球形雷达罩内装有多普勒雷达的"防御者"预警机，其基本平台就是"涡轮海岛人"飞机。而现在，它已经成为航空史上最成功的小型客机之一。

图5-26　BN-2B-20

（2）设计特点

BN-2飞机采用了悬臂式上单翼、双发动机布局，该机机翼为双梁式结构，结构重量轻，平面形状为矩形。机身为矩形截面全金属、半硬壳结构，前段为驾驶舱，中段是客舱，能搭乘8名乘客，机身两侧共设3个舱门供乘客登离机。尾翼垂尾为全金属结构，垂尾带有背鳍，垂直安定面的前后梁插入后机身中与加强框相连。两侧机翼安装2台莱康明公司生产的O-540活塞发动机。固定式前三点起落架，前起落架为单轮安装在机头，主起落架为双轮，较长的主起落架支柱通过发动机舱与机翼结构梁连接，主起落架支柱外敷有整流罩。BN-2A MkⅢ"三发海岛人"基本结构与BN-2近似，但加长了机身，在垂尾中部加装了第三台发动机。

（3）主要型号

BN-2B-20：装2台莱康明公司生产的300马力IO-540-K1B5燃油喷射发动机。

BN-2B-26：装2台莱康明公司生产的260马力O-540-E4C5活塞发动机。

BN-2A Mk Ⅲ "三发海岛人"：三发改型，加长机身，座位数增加到18个，装3台莱康明公司生产的260马力O-540-E4C5活塞发动机。

BN-2T "涡轮海岛人"：涡桨发动机改型，在BN-2A-26基础上，换装2台320马力艾利逊250-B17C涡桨发动机。

（4）性能数据

BN-2B-20性能数据见表5-23。

表5-23 BN-2B-20性能数据

乘员	机组人员2名，乘客8名；空中救护型可容纳3副担架和2名医务人员
尺寸	机长10.86m，翼展14.94m，机高4.18m，机翼面积30.2m^2
重量	空重1925kg，最大起飞重量2993kg
性能	最大速度280km/h，最大巡航速度264km/h，经济巡航速度245km/h，爬升率344m/min，实用升限5243m，最大航程1136km（经济巡航速度）/1965km（携带选装油箱）
动力装置	2台莱康明公司生产的IO-540-K1B5发动机，单台功率225kW，驱动双桨叶定速螺旋桨

（二）国内多用途飞机

1. 运-5

（1）型号概况

运-5飞机是中国第一种自行制造的多用途运输机，最初由洪都机械厂（今航空工业洪都）生产，其原型为苏联20世纪40年代设计的安-2运输机。运-5原型机于1957年12月定型并首飞，1958年开始批量生产，在洪都机械厂期间共生产了728架。1970年5月，该机转到石家庄红星机械厂（今石家庄飞机工业有限责任公司）生产。目前运-5广泛应用在训练、跳伞、体育、运输和农业多种任务中。尽管运-5服役已有40年之久，但它飞行稳定，运行费用低廉，至今仍是中国最常见的运输机。运-5的另一个优点就是它可以非常低的速度稳定飞行，且起飞距离仅为170m。

运-5舱内有通风和加温装置，可对风挡玻璃加温防冰。舱罩两侧突出于机身，向下视界良好。带有系留环的货舱地板能承受1500kg的集中载荷。两侧装有10个简易座椅，壁上各有4个320mm圆窗。在左侧11号和15号隔框间有一个大货舱门，门上装有旅客登机门。货舱内部可进行不同改装。冷气系统可向起落架主轮刹车，或在当地面无气源时给起落架减振支柱或轮胎充气。螺旋桨也有防冰系统。飞机操纵系统为混合式机械操纵。机上电源为一台直流发电机和一块蓄电池。单相和三相交流电用变流器转换后提供给用电设备。机载设备包括航行仪表和通信导航设备。航行仪表有空速表、高度表、升降速度表、陀螺磁盘、陀螺半罗盘和地平仪。机上的通信设备有短波和超短波无线电台。导航设备有自动无线电罗盘、超短波信标接收机、无线电高度表和机内通话器。

1995年起，石家庄飞机工业有限责任公司开始向用户交付改进型运-5B飞机，如图5-27所示。运-5B飞机是早期型号运-5的改进型，保持了运-5总体气动布局，对飞机功能、内部结构和设备进行了改进，符合中国民航CCAR-23部适航标准。舱内装新型环控系统、密封舱门。改进部分电子装置和仪表。运-5B换装一台从波兰进口的735kW（1000马力）ASz-62IR-16活塞发动机，搭配一副波兰生产的AW-2变距4叶螺旋桨。该机具体配备的机载电子设备包括KHF950高频通信系统、KY196B甚高频通信系统、KMA24声频面板、霍尼韦尔公司生产的KR87自动测向仪和美国佳明公司生产的GNC300XL区域导航系统。

至2010年年底，运-5共生产了1140架，其中改进型的运-5B系列飞机191架，这些飞机广泛应用于军用及民用的各个领域。目前，运-5B系列飞机还装备了民航飞行学院、航空运动学校和

M5-5　运-5

图5-27　荆门航空的运-5B

通用航空公司，用于飞行执照培训、航空运动、救援抢险、跳伞训练等领域。

（2）设计特点

运-5采用单支柱不等长翼展的双翼。上、下翼均有上反角。全金属双梁骨架，前梁以后为布蒙皮。机翼平面形状为矩形。上翼安装有全翼展自动式前缘缝翼、开缝后缘襟翼和差动副翼。下翼装全翼展开缝襟翼。机身为全金属半硬壳式结构，外形呈流线型。尾翼为斜撑杆式金属蒙皮结构，位于机身的后上部，包括带有斜撑杆的水平安定面、升降舵、垂直安定面和方向舵。起落架是后三点固定式。主起落架由减振支柱、前撑杆、后撑杆、中压主轮组成，尾起落架由减振支柱、构架和低压尾轮组成。动力装置为中国南方航空动力机械集团公司生产的活塞发动机和J12-G15型4桨叶金属螺旋桨，或者为波兰生产的1000马力ASz-62IR-16活塞发动机，配一副波兰生产的AW-2变距4桨叶螺旋桨。驾驶舱装有2个可拆卸座椅，舱罩上部有应急舱盖，舱内有通风和加温装置，风挡玻璃可以加温防冰。由于舱罩两侧突出机身，所以有直接向下的视界。

（3）主要型号

运-5B：基本农用型，装有翼尖帆片。

运-5B（K）：客运改型，主要用于载客飞行、包机服务。

运-5B（D）：多用途型，可执行载客任务，经过简单改装即可用于农林飞行及货运飞行。

运-5B（T）：曾称Y-5C，跳伞载机型，主要执行军队伞兵或民间跳伞运动的搭载任务，也装有翼尖帆片。

（4）性能数据

运-5B性能数据见表5-24。

表5-24　运-5B性能数据

乘员	驾驶员1～2名，乘客6名（客运型）/12名（伞兵）
尺寸	机长12.688m，翼展18.176m，机高5.35m，机翼面积71.526m^2
重量	最大载重1500kg，最大起飞重量5250kg
性能	最大速度256km/h，巡航速度160km/h，实用升限4500m，航程845km（满载）
动力装置	1台波兰生产的735kW（1000马力）ASz-62IR-16活塞发动机，驱动AW-2变距4桨叶螺旋桨

2. 运-12

（1）型号概况

运-12是航空工业哈飞研制的小型涡桨式多用途运输机，如图5-28所示。可载客17～19人，或载1700～1900kg货物。运-12可广泛用于专机、客运、货运、森林防护、空中测量、海上巡逻、地质勘探、救护和跳伞等。

运-12是在运-11的基础上发展的，1980年年初开始设计。运-12Ⅰ型为基本型，最初选用

图5-28 航空工业的运-12

普·惠加拿大公司生产的PT6A-10涡桨发动机,单台功率349kW,后改用PT6A-11涡桨发动机,单台功率367.7kW。正式生产型运-12 Ⅱ改装功率更大的462kW的PT6A-27涡桨发动机。

1985年,运-12飞机取得了中国民航管理部门颁发的第一个民用飞机型号合格证,1986年又取得了第一个生产许可证。1986年,运-12飞机开始外销,开创了我国民机出口的先例。1987年,运-12飞机获国家重大技术装备优秀项目奖,1988年获国家科学技术进步奖一等奖。

1987年,运-12飞机开始申请英国民用航空局适航证。英国民用航空局对运-12飞机进行了两年的审查和试飞试验,并通过合格审查,于1990年6月20日向运-12颁发了英国民用航空局适航证。这是我国民用飞机第一次得到国际权威适航机构颁发的适航证,说明了运-12飞机的适航已达到了当时的国际标准。随后,运-12又获得了美国联邦航空管理局的适航证,成为当时中国唯一获得英美适航认可的机种。

航空工业哈飞后来又研制了运-12 Ⅲ和运-12 Ⅳ,这两种型别的气动外形和基本型一样。运-12 Ⅲ换装了国产涡桨9发动机,采用了国产电子设备,计划替代运-5飞机作为军用伞兵空降飞机,但由于未能获得采购而终止发展。

运-12 Ⅳ采用尖削翼尖,使用PT6A-27涡桨发动机,改用4桨叶螺旋桨以降低噪声。运-12 Ⅳ按照FAR 23部设计、试验和制造,噪声符合FAR 36部要求。运-12 Ⅳ分别于1994年7月和1995年3月获得中国民航管理部门颁发的型号合格证和美国联邦航空管理局颁发的型号合格证。该机还于1995年9月获得了美国联邦航空管理局认可的中国民航管理部门颁发的生产许可证。运-12 Ⅳ使用简单,机动灵活,可在简易跑道上起飞和着陆。它可在白天和夜间按目视飞行和仪表飞行规则使用。选装机翼、尾翼除冰装置,可在结冰条件下飞行。运-12 Ⅳ实际上是航空工业哈飞针对FAR 23部进行专门改进的19座轻型多用途飞机。

运-12E是在运-12 Ⅳ基础上,为适应高温高原环境设计制造的。经过高温高原试飞证明,运-12E型飞机是目前唯一适合云、贵、川等西部高原多山地区短途客运市场和旅游用的轻型固定翼飞机,同时也适合国外用户如尼泊尔、厄瓜多尔等多山国家的使用。运-12E增加了供氧系统、内部豪华装饰,适合于空中游览和公务飞行。运-12E于2001年12月31日取得中国民航管理部门的型号合格证。运-12E型采用了新型的普·惠加拿大公司生产的PT6A-135A发动机,载客19人。

运-12F是航空工业哈飞采用先进技术研发的新一代通用/支线涡桨式飞机,虽然编号还是运-12,但与运-12系列其他型号有着天壤之别。该机通过流体力学计算等先进手段,使飞机最大起飞重量从运-12 Ⅳ的5.3t提高到8.4t,最大商载从1.7t提高到3t,最大速度从450km/h提高到482km/h。运-12F在同级飞机中首次采用损伤容限结构设计。包括方向舵、升降舵、副翼在内,复合材料占全机7%~10%的面积。运-12F的主要系统来自西方承包商。发动机是普·惠加拿大公司生产的PT6A-65B涡桨发动机，驾驶舱采用霍尼韦尔公司生产的Apex综合航电系统，螺旋桨采用美国哈策尔公司生产的5桨叶金属螺旋桨，航空工业哈飞自己负责起落架部分。与同样采用PT6A发动机的运-12Ⅳ相比，在最大起飞重量增加58%的基础上，运-12F的载荷能力提高了76%，远程巡航速度提高了44%，达到375km/h，航程增大了37%，可以载19名乘客飞行1540km。虽然起飞滑跑距离从490m增加到575m，但是对场地的要求没有变化，因为着陆距离还保持在630m没变。运-12F可以装运3个LD3型集装箱。采用了内部悬臂式机翼，而运-12其他型号则需要外部斜撑式支撑杆。运-12F的起落架还由原固定式前三点起落架改为可收放式起落架。2000年6月16日运-12F首架原型机开始建造，首架原型机于2010年12月29日首飞，2015年12月取得中国民航管理部门颁发的型号合格证，2016年2月22日取得美国联邦航空管理局颁发的FAA型号合格证。该型号除可以作为10座支线客机或者轻型货机使用，还可以改装用于天气监视、航测航拍及军事用途。与该机大小类似的飞机是西班牙制造的C-212，但是运-12F在航程上更胜一筹，并且飞得更快。

运-12具有用途多样、结构可靠、安全耐用、造价低廉的优点，该飞机是中国外销情况最好的飞机之一，先后出口到非洲、大洋洲、南美洲、亚洲、北美洲的20余个国家和地区，创造了中国民机出口国家最多、销售量最大的业绩。但由于国内外市场的差异，其在国内的使用情况却远远不及出口，随着国家大力发展通用航空政策的影响，这种局面将会有所改观。

（2）设计特点

运-12飞机采用了上单翼双发动机布局，机翼为双梁式结构带斜撑杆，结构重量轻，平面形状为矩形。机身为全金属、长桁隔框式半硬壳结构，前段为驾驶舱，中段是客货舱，能布置17个旅客座椅，或装载货物、农业和地质勘探设备等。尾翼垂尾为全金属结构，垂直安定面的前后梁插入后机身中，与加强框相连。使用2台普·惠加拿大公司生产的PT6A-27涡桨发动机（Ⅱ型和Ⅳ型）为动力，最新的运-12F则装PT6A-65B发动机，并配有哈策尔HC-B5MA-3/M10876AN型5桨叶螺旋桨。运-12F驾驶舱经过全面升级，采用美国霍尼韦尔公司生产的Primus Apex综合航电系统，玻璃座舱，仪表板配有4台多功能显示器。运-12F的起落架也由原来的固定式前三点起落架改为可收放式起落架。

（3）主要型号

运-12Ⅰ：基本型，装373kW的PT6A-11涡旋发动机。

运-12Ⅱ：正式生产型，改装462kW的PT6A-27涡桨发动机。

运-12Ⅳ：运-12Ⅱ改进型，采用后掠下弯翼尖，改进航电设备。

运-12E：运-12Ⅳ改进型，改装PT6A-135A涡桨发动机，由3桨叶螺旋桨改为4桨叶螺旋桨。

运-12F：最新改型，装746kW的PT6A-65B发动机，改用哈策尔5桨叶螺旋桨、可收放式起落架、升级航电系统等。

（4）性能数据

运-12Ⅱ性能数据见表5-25。

表5-25 运-12Ⅱ性能数据

乘员	机组人员2名，乘客17名
尺寸	机长18.86m，翼展17.24m，机高5.68m，机翼面积34.27m^2
重量	空重2840kg，最大起飞重量5300kg
性能	最大速度328km/h，巡航速度250km/h，爬升率8.1m/s，实用升限7000m，航程1340km（满载）
动力装置	2台普·惠加拿大公司PT6A-27涡桨发动机，单台功率462kW

第四节 农林飞机

一、农林飞机介绍

（一）农林飞机概述

直接为农业（包括林业、牧业和渔业）生产服务的飞机称为农林飞机或农业飞机。作为通用航空飞机的一个主要型别，它可用于农业生产中的播种、施肥、除草、治虫、飞播造林、护林防火、人工降雨、防止霜冻等20多个作业项目，是提高农作物产量、减轻劳动和降低成本的重要工具。

1918年，美国农用飞机喷洒砷素剂防治牧草害虫成功，开创了农业航空的历史。随后加拿大、苏联、德国和新西兰等国家也将飞机用于农业。战后大量小型飞机过剩，纷纷被改装成农林飞机，农林航空得到迅速发展。

20世纪50年代开始出现专门设计的农林飞机，如苏联生产的安-2、美国生产的"农用马车"、澳大利亚生产的PL-12"空中卡车"。20世纪50年代末，直升机也加入了农林航空行列，但使用数量不多。目前，全世界约有农林飞机26000架，年作业面积2.55亿公顷，约占全世界耕地面积的17%，其中70%以上集中于美国和俄罗斯。

（二）主要技术特点

农林飞机的使用基本要求：土跑道起飞，超低空机动飞行（包括横向机动性），载重量大（大型药箱），农航作业对驾驶员、公众和环境是安全的（包括坠损安全性和触地安全性），有效果，高效率。药箱（可播撒固态物质、喷雾液态物质）、播撒管和喷嘴的设计是农林飞机的特色，决定了喷洒速度、液滴尺寸等喷洒关键数据。

1. 性能要求

农林飞机不同于其他型别的飞机，在防治农作物病虫害的过程中，往往需要充分利用受飞机扰动的气流形成的涡旋将农药喷洒到植物的茎部和背面，为了减少药剂的飘散或防止肥料或药粉停留在错误的区域，飞机的作业高度为1~10m（距作物顶端，即机轮几乎接触到作物），作业速度一般为100~180km/h，不超过300km/h，载重不低于800kg，喷幅一般不低于20~30m。飞机需要在作业区超低空往返飞行，不断爬升、盘旋、下滑、拉平，有时还要飞越周围的障碍物，因此作物撒粉器经常剐蹭竖管（水塔状结构，通常在乡村社区用于储存水）顶端、碰撞篱栏或拉起时缠绕电线或电话线（这对飞行员来说，常常意味着伤害甚至死亡）。此外，由于多在外场作业，飞机要在简易机场上频繁地起飞和着陆。

2. 动力系统

农林飞机多由轻型飞机改装而来，大多采用冷活塞发动机，功率为110~440kW，一名驾驶员，仪表和无线电设备比较简单。但由于市场需求逐年扩大，要装载的化学药剂增加，为减少补充药剂往返飞行次数，载重量多有扩大，发动机功率也随之增加。新机型常采用涡轮发动机，短距起飞，较高的喷雾速度，并增加药剂容量，爬升率增大，拉起性能改善。农林飞机的低空性能好，操作灵活，维护简单，能在简陋的土质机场上起降；装有电线切割器和线偏导装置，以防飞机被作业区输电线阻挡而失事。多用途的农林飞机装有1~2台发动机，仪表和无线电设备比较完善，飞机总重近6000kg。现代的农林飞机开始使用全球卫星定位系统技术以追踪和记录其飞行路径。

3. 外形构造

农林飞机在构造方面大多采用下单翼,以便在全翼展上固定喷洒装置,且在离作物较近时可增强地面效应,改善低速性能,增强扰流对植物的作用。采用前缘缝翼、双缝襟翼或下垂副翼等增升装置,可改善飞机在简易机场起飞和着陆的性能,且能提高超低空飞行时的安全性。单发动机飞机采用后三点式起落架,双发动机飞机多采用前三点式起落架。为减轻重量,采用蒙布或薄金属蒙皮结构,使用较轻的玻璃纤维材料,农林飞机的有效载重可达飞机总重的35% ~ 40%。喷洒设备有喷液和喷粉两种,主要由药箱、风扇搅拌器和喷洒装置组成,锥形药箱通常置于飞机的重心处,喷液管道多安装在机翼的后缘或翼尖,鱼尾状喷粉装置则固定于机身下方。设计关注点主要是提高座椅位置以极大改善视野,增强座椅减振并加强座舱结构以承受低速坠毁,在充分认识农作物撒粉固有危害的基础上,将机体骨架涂聚氨酯,以减少腐蚀和方便除尘。

二、农林飞机典型机型介绍

农林飞机代表型号有航空工业生产的农-5、空中拖拉机公司生产的"空中拖拉机"AT系列、画眉鸟飞机公司生产的S-2R"画眉鸟"、巴西航空工业公司生产的EMB-202"伊帕内马"、澳大利亚吉普斯兰德飞机公司生产的GA-200"法特曼"、PZL-梅莱茨公司生产的M-18"单峰骆驼"、PZL-华沙奥肯切公司生产的PZL-106"渡鸦"等。

除上述专业农林飞机,一些多用途通用飞机经过简单改装也能执行农林飞机的任务,比较典型的型号有航空工业生产的运-5、运-12、皮拉图斯飞机公司生产的PC-6等。

(一)国外农林飞机

1. "空中拖拉机"AT系列

(1)型号概况

美国空中拖拉机公司研制的"空中拖拉机"AT-400系列飞机是入门级专用农业机(图5-29),于1979年9月开始试飞,1980年4月获得适航证。"空中拖拉机"AT-500系列美国空中拖拉机公司生产的下单翼后三点式飞机,1986年4月25日首飞。由于"空中拖拉机"飞机执行任务的效率很高,视野开阔,总体运营费用较低,因此获得较多订单。

图5-29 "空中拖拉机"AT-402B

M5-6 空中拖拉机AT-802

(2)设计特点

AT-400系列采用下单翼后三点式构型,药箱位于发动机防火隔板与驾驶舱之间。AT-500与AT-400系列相似,药箱也位于发动机防火隔板与驾驶舱之间。但该机的翼展增加到15.84m,机身也延长了56cm,可以容纳更大的药箱。部分AT-500系列在驾驶舱内增加了1个座椅,可携带1名乘客或观察员。AT-500飞机每架次飞行载药量达1.2t，每次"飞防"面积可达到1万~1.2万亩。AT-600、AT-800系列则是进一步加大翼展，更换更大功率发动机，性能显著提升。

（3）主要型号

① AT-400系列。

AT-401：装1台普·惠加拿大公司生产的600马力R-1340活塞发动机。

AT-402B：涡桨型，装1台普·惠加拿大公司生产的680马力PT6A-15AG涡桨发动机。

② AT-500系列。

AT-502B：放大型，装1台普·惠加拿大公司生产的750马力PT6A-60AG涡桨发动机。

AT-504：AT-502B的双座型，座舱改为并列双座，可以使新驾驶员在实践中学习，是教练/农业机。

③ AT-600/800系列。

AT-602：改进型，装1台普·惠加拿大公司生产的1050马力PT6A-60AG涡桨发动机，翼展加大到17.06m。

AT-802A：性能加强型，装1台普·惠加拿大公司生产的1295马力PT6A-65AG涡桨发动机，翼展进一步加大到18.04m，有双座及灭火型。

（4）性能数据

AT-504性能数据见表5-26。

表5-26 AT-504性能数据

乘员	1名驾驶员，1名学员或1名乘客
尺寸	机长10.21m，翼展15.84m，机高2.99m，机翼面积29.01m²
重量	空重2109kg，满载起飞重量4754kg，1900L化学药品
性能	最大速度243km/h，失速速度105km/h，航程978km
动力装置	1台普·惠加拿大公司生产的PT6A-34AG涡桨发动机，功率750马力

2. S2R "画眉鸟"

（1）型号概况

"画眉鸟"农林飞机最初是美国罗克韦尔国际公司设计制造的，20世纪60年代中期开始研制，1968年原型机首次试飞。1977年11月，艾尔斯公司从罗克韦尔国际公司购买了"画眉鸟"飞机的生产经营权。艾尔斯公司生产的"画眉鸟"飞机主要有活塞发动机的"画眉鸟"系列（图5-30）和涡桨发动机的"涡轮画眉鸟"系列。艾尔斯公司生产几年后，生产经营权又几经转手，后由画眉鸟飞机公司于2003年6月获得"画眉鸟"飞机的生产经营权。

"画眉鸟"农林飞机是一种产量相当大的飞机，从开始生产到现在，交付总量超过2500架，用户遍及世界80多个国家。目前国内有北大荒通用航空有限公司、山西成功通用航空股份有限公司等采购了多架"画眉鸟"用于农林作业飞行。

图5-30 "画眉鸟"S2R-H80

（2）设计特点

"画眉鸟"农林飞机采用悬臂式下单翼，不可收放后三点式起落架。与S2R"画眉鸟"基本型相比，"涡桨画眉鸟"改装了更先进的涡桨发动机，改善了起飞和爬升性能，提高了载重，使用航空燃油或柴油为燃料，拉长了大修间隔时间，可低噪声飞行。

（3）主要型号

画眉鸟飞机公司接手后，所生产的飞机不再使用传统的型号命名方式，而是采用了更加适合市场营销的产品编号办法，它的编号方式是"画眉鸟"+"百位数字"，其中"百位数字"是指飞机所携带药箱容量的美制加仑数。

① 艾尔斯公司生产型号。

S2R-T11 "涡桨画眉鸟"：首款涡桨改型，装一台普·惠加拿大公司生产的373kW PT6A-11AG涡桨发动机。

S2R-T65 NEDS：专门为美国国务院研制的专用型，命名为"去除麻醉性植物的喷洒系统"，执行反毒品任务。装一台1026kW的PT6A-65AG涡桨发动机。

S2R-G6：装一台霍尼韦尔公司生产的559kW的TPE331-6涡桨发动机。一名驾驶员，可选装2套座舱设备。

② 画眉鸟飞机公司生产型号。

"画眉鸟"400：轻量型，药箱容量400美制加仑（1514L），2006年曾经过重新设计推出了性能改善的2007款"画眉鸟"400。

"画眉鸟"510：标准型，药箱容量510美制加仑（1931L），装联信公司生产的TP331发动机的称为S2RHG"画眉鸟"510，装普·惠加拿大公司生产的PT6A发动机的称为S2RHG-T34"画眉鸟"510。

"画眉鸟"550：增容型，药箱容量550美制加仑（2082L）。

"画眉鸟"660：改进型，药箱容量660美制加仑（2498L），装969kW的普·惠加拿大公司生产的PT6A-65AG涡桨发动机，哈策尔公司生产的5桨叶螺旋桨。

（4）性能数据

"画眉鸟"510性能数据见表5-27。

表5-27 "画眉鸟"510性能数据

乘员	1名
尺寸	机长10.06m，翼展14.48m，机高2.79m
重量	空重2177kg，最大起飞重量4400kg，1931L化学药品
性能	最大平飞速度256km/h，作业速度145～241km/h，转场航程1239km
动力装置	1台普·惠加拿大公司生产的PT6A-34AG涡桨发动机，功率550kW

3. M-18 "单峰骆驼"

（1）型号概况

M-18 "单峰骆驼"（Dromader）农林飞机是由波兰PZL-梅莱茨（PZL-Miele）公司与美国罗克韦尔公司于20世纪70年代中期进行国际合作设计的，如图5-31所示。该农林飞机是波兰最为成功的出口飞机之一。M-18 "单峰骆驼"从设计伊始就将目标定位于能够达到西方认证标准。单座基本型M-18的第一架原型机于1976年8月27日首飞，第二架原型机于1976年10月首飞。1978年9月获得波兰认证，1979年开始批量生产。

1988年，佳木斯农业航空试验站（黑龙江龙垦通用航空公司的前身，现再次更名为北大荒通

图5-31　M-18"单峰骆驼"

用航空有限公司）从波兰引进M-18A"单峰骆驼"农林飞机，2007年黑龙江龙垦通用航空公司（现北大荒通用航空有限公司）又成功购置了15架M-18B"单峰骆驼"农林飞机。

（2）设计特点

M-18"单峰骆驼"采用常规设计，装1台9缸星形发动机，外形和机翼以罗克韦尔公司生产的"画眉指挥官"（即现在的"画眉鸟"）农林飞机为基础。

（3）主要型号

M-18：单座基本型。

M-18A：双座型，可多携带1名机械师或化学农药装载人员飞行到荒芜地区作业。

M-18AS：双座教练型，配有2套操纵系统用于飞行教学。

M-18B：改进型，最大起飞重量增加到5300kg。

M-18BS：以M-18B为基础的双座教练机。

M-18/T45"涡轮单峰骆驼"：涡桨改型，装PT6A-45涡桨发动机，该型号也可选装PT6A-65、TPE331-10或T53-L-7涡桨发动机。

（4）性能数据

M-18B性能数据见表5-28。

表5-28　M-18B性能数据

乘员	驾驶员1名，乘员1名
尺寸	机长9.47m，翼展17.70m，机高3.70m，机翼面积40m^2
重量	空重2710kg，最大起飞重量5300kg，载药量2200kg（或2500L）
性能	极限速度280km/h，最大速度230km/h，失速速度108km/h，航程970km，实用升限6500m，爬升率6.5m/s
动力装置	1台波兰生产的ASz-62IR星形活塞发动机，功率731kW

4. EMB-202"伊帕内马"

（1）型号概况

EMB-202"伊帕内马"（Ipanema）是由巴西航空工业公司设计、内瓦航空工业公司制造的一种小型单座农林飞机（图5-32）。内瓦航空工业公司成立于1954年，1980年3月10日被巴西航空工业公司收购，成为其全资控股子公司。该机于1969年5月开始设计，原型机EMB-200于1970年7月30日首飞，1971年12月获得型号合格证。"伊帕内马"飞机前期生产的型别有EMB-200/200A、EMB-201和EMB-201R。自1980年起转至内瓦航空工业公司生产。

目前，EMB-200/202系列农林飞机已经生产了超过1300架。新推出的EMB-202A在美洲市场比较畅销，尤其是使用乙醇燃料的型号，在美国和巴西这些使用乙醇燃料作为石油代用品的国家

图5-32 EMB-202"伊帕内马"

更受欢迎。

（2）设计特点

EMB-202采用全金属机身，悬臂式无撑杆下单翼，不可收放后三点式起落架，动力装置为一台莱康明公司生产的224kW IO-540-K1J5D活塞发动机，驱动一副哈策尔公司生产的双桨叶恒速金属螺旋桨。也可选装大陆发动机公司生产的224kW的IO-550-D发动机及麦考利公司生产的双桨叶恒速螺旋桨。

（3）主要型号

EMB-202：目前的生产型，装莱康明公司或大陆发动机公司生产的发动机。

EMB-202A：改进型，装1台莱康明公司生产的240kW IO-540-K1J5发动机，配哈策尔恒速螺旋桨。该机还可使用乙醇作为燃料，具有更低的维护和运营成本。

（4）性能数据

EMB-202A性能数据见表5-29。

表5-29 EMB-202A性能数据

乘员	1名
尺寸	机长7.43m，翼展11.69m，机高2.22m
重量	空重1020kg，最大起飞重量1550kg，最大载重741kg
性能	最大平飞速度230km/h，最大巡航速度213km/h，航程938km
动力装置	1台莱康明公司生产的IO-540-K1J5发动机，配哈策尔恒速螺旋桨，功率240kW

（二）国内农林飞机（农-5）

（1）型号概况

农-5系列农林飞机是航空工业洪都按照中国民用航空CCAR-23部适航条例及型号合格审定程序研发的农林专用飞机。基本型农-5A飞机于1989年12月首飞成功，改进后的农-5B（图5-33）于2008年6月首飞成功。该机主要用于农作物的飞行作业、森林防火及农林业病虫害防治，经简单改装后，还可以进行地质探测、空中摄影、航空体育训练和航空旅游等作业，具有使用成本低、适用范围广、作业能力强、操作性好、安全性高等特点。农-5A飞机已取得美国联邦航空管理局颁发的适航证，改进后的农-5B飞机满载升限达6000m，高原、次高原作业性能优良。

（2）设计特点

农-5A飞机为单发动机、单驾驶、下单翼、固定式前三点起落架飞机。装莱康明公司生产的400马力IO-720-D1B活塞发动机和美国哈策尔公司生产的恒速变距3桨叶金属螺旋桨。农-5A飞机备有喷洒液体和播撒粉状或颗粒状物料等两种农业设备，可用于播种、施肥、除草、农林业病虫害防治、森林防火等。

图5-33 农-5B

农-5B飞机是一款新型农林专用飞机,既继承了农-5A飞机操纵灵活、维护方便、使用经济、安全可靠等众多优点,又针对用户的实际需求,在结构、药箱载量、舒适度和作业设备等方面有了重大改进。农-5B飞机采用后三点固定起落架布局,装捷克生产的777马力M601F型涡桨发动机,满载升限6000m,无论在平原、丘陵,还是在高原、次高原地区作业都能胜任,性能优良。

（3）主要型号

农-5A：基本型,装莱康明公司生产的IO-720-D1B活塞发动机。

农-5B：涡桨改型,装M601F型涡桨发动机,改善了高原性能。

（4）性能数据

农-5A性能数据见表5-30。

表5-30 农-5A性能数据

乘员	机组人员2名
尺寸	机长10.487m,翼展13.418m,机高3.733m,机翼面积26m²
重量	空重1328kg,最大起飞重量2450kg
性能	最大速度205km/h,巡航速度170km/h,实用升限3750m,转场航程979km
动力装置	1台莱康明公司生产的IO-720-D1B活塞发动机,功率294kW（400马力）

 拓展提高

1. 课程实践

首架"建德制造"AG60成功试飞交付

2022年2月24日,航空工业通飞所属浙江通飞野马飞机制造有限责任公司生产的AG60飞机在建德千岛湖通用机场成功完成生产验收和客户验收试飞（图5-34）。AG60飞机是浙江通飞野马飞机制造有限公司在建德启动批量生产后,完成整机生产、生产验收试飞、客户验收试飞和国内交付的首架飞机。

上午11时,飞机在完成起飞前各项检验、获得塔台许可后,正式开始生产验收试飞。整个试飞过程持续约50min,飞机在1000m左右高空完成了稳定性、操纵性及其他各项性能的测试。

AG60飞机是一款全金属、并排双座、上单翼、前置单发、固定式前三点式起落架的轻型运动类飞机,机身长6.9m,翼展8.6m,升限3600m,最大平飞速度218km/h,航程1100km。

图5-34 AG60

AG60飞机具有操作简便、组装简易等特点，具备超强的机场适应性，可在草地、硬化土地等非铺装跑道起降，广泛适用于飞行员培训、竞技娱乐飞行、私人出行等领域。

该机型于2020年10月完成国内首飞，2021年6月25日、9月26日先后取得民航华东局颁发的轻型运动飞机型号合格证和生产许可证，标志着该机型获准进入国内民机市场并可以开始批量生产。

【问题思考】

AG60为哪种飞机类型？该类型飞机有哪些特征？

2. 阅读思考

19岁少女独驾轻型运动飞机环球飞行，打破三项吉尼斯世界纪录，机型在华投产

2022年1月20日，捷克和斯洛伐克两国合作研制的超轻型通用飞机"鲨鱼"（Shark）再次打破世界纪录（图5-35），一名19岁比利时少女飞行员扎拉·罗瑟福德（Zara Rutherford）单独驾机绕飞地球，打破多达三项吉尼斯世界纪录，成为世界上最年轻的驾驶超轻型飞机绕飞地球的飞行员，同时也成为单独驾驶飞机环球飞行的最年轻女性飞行员，也成为第一个独自完成单发飞机环球飞行的比利时人。

图5-35 超轻型运动飞机"鲨鱼"（Shark）

对超轻型运动飞机来说，环球飞行是巨大的挑战。进行此艰险的飞行旅程，扎拉选择"捷克研发，斯洛伐克和中国制造"的机型"鲨鱼"。在中捷（中国－捷克）航空工业协会协助下，"鲨鱼"飞机生产线于2020年正式落户河北沧州中捷产业园，2021年8月30日，中国首架国产"鲨鱼"飞机在沧州总装下线。"鲨鱼"是同级别速度最快的机型，曾多次打破世界速度纪录，此外，荣获"Flieger最佳新飞机""Aerokurier未来飞机"等著名国际大奖。

扎拉驾驶"鲨鱼"历经52000km飞行旅程，跨越全球5大洲41个国家（包括中国）。2021年12月14日，扎拉从韩国务安国际机场起飞，飞越东海，降落在中国台湾松山机场，休息后再前往菲律宾克拉克国际机场。

"鲨鱼"是超轻型飞机技术的先进代表，最远航程可达3500km，最高时速超过300km/h。得益于此，扎拉能够方便地快速地飞越很大距离和大片地域，如北部大西洋、阿拉斯加山脉或者俄罗斯西伯利亚苔原，同时能够在风暴天气下飞行。就飞行费用和运营条件来说，扎拉驾驶的"鲨鱼"飞机可称为一种"飞行汽车"，可以使用各地都有的车用95号汽油，每百公里仅耗油7L，最短起飞距离可达100m，最短降落距离可达120m。这允许扎拉环球旅行费用保持在一个比较低、花得起的水平。

　　扎拉选择"鲨鱼"的另一原因是其独特设计和完美的观光能力。和传统框架式小窗户观光飞机不同，它配有单块玻璃舱盖，提供360°全景视野。由此扎拉环球飞行成为一趟"全球、不可思议的观光飞行旅程"。对扎拉来说非常重要的一点是飞机外观，极具创意的外形设计，超酷流线，应用鲨鱼仿生学，除了拥有出色的气动性能，还提供一种飞行优雅感，为强调她环球旅行的使命，扎拉把飞机底面喷成粉红色。

　　扎拉环球飞行的使命是什么？她希望此举能够鼓励全世界的女孩和年轻女性投身航空以及理工科专业，吸引大家关注技术技能领域的男女机会平等。

　　中国女飞行人员情况如何？根据2017年BBC报道，全球仅16个国家军队有女飞行员，中国是有女飞行员数量最多的国家之一。据悉，1949年，中国就作出了培养女飞行员的决策，1951年开始培训女飞行员，至1966年，已经培养了500多名女飞行员。

　　根据中国民航局驾驶员发展年度报告，最近几年我国民用航空女驾驶员数量不断增长，2020年达到884人，其中商照679人，并一直保持增长态势。

第六章

灵动与多面：全球主要通用直升机

教学目标

 知识目标

了解直升机的含义与优缺点；
了解直升机旋翼的组成与尾桨的结构形式；
了解直升机的动力装置分类；
认识直升机传动系统构件；
认识直升机操纵系统构件；
了解直升机起落架的分类形式。

 能力目标

能识别直升机的不同类型；
能识别直升机的主要组成部件；
能描述各类直升机典型机型的性能数据。

 素质目标

了解中国直升机研制筚路蓝缕的发展道路，树立"心忧天下，航空报国"的家国情怀。

通用航空机型概论

 学习导航

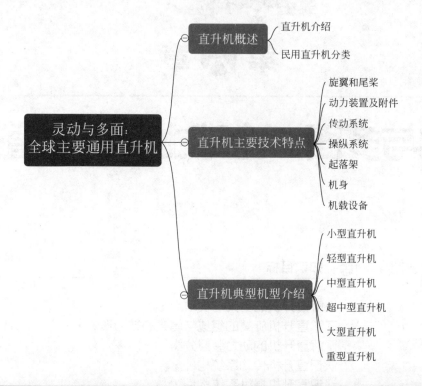

案例导入

为航空应急救援研制！AC313A铁鸟机开车成功即将首飞

"1发启动正常，2发启动正常，3发启动正常，各系统运转良好！" 2022年3月某日，位于江西景德镇航空工业昌飞吕蒙厂区的AC313A直升机地面联合试验平台（简称铁鸟台，见图6-1）的对讲机传来喜讯。AC313A地面联合试验机顺利完成了各发动机的假启动、冷转、地面慢车等试运转工作，首次开车圆满成功。三台发动机、主减速器、主旋翼、尾旋翼等系统运转情况良好，向直升机正式首飞又迈进了一大步。

"铁鸟"试验是直升机首飞前的必备试验，也是直升机首飞前非常关键的一道"工序"，通过将直升机旋翼系统、传动系统和发动机三大动部件，按照装机状态安装在铁鸟台上，开车进行功能匹配性试验、耐久性试验、适航验证试验等，以验证三者之间的功能性、协调性和耐久性。

据悉，AC313A型机是为满足国家"十四五"期间航空应急救援装备体系建设并形成任务能力，而研制的一款国家航空应急救援重要装备。它是以AC313型机为基础，通过换装新型发动机，采用宽机体结构、倾斜尾桨，升级传动系统，并对航电、飞控、液压、操纵等系统进行优化等措施，全面提升性能和竞争力的一款新型军民用直升机。AC313A直升机提高了传动系统寿命和传递功率，提升了产品质量和可靠性，降低了使用和维护成本，提高了国产大型民用直升机航空应急救援能力，提高了国产大型民用直升机高质量供给能力，更好地支撑我国航

140

空应急救援体系建设。

图6-1　AC313A地面联合试验机

改进后的AC313A直升机可满足高温、高原和高寒气候等复杂地区对直升机的使用要求。同时AC313A直升机具备执行人员物资运输、森林/城市消防灭火、大型设备吊运、抢险救灾、医疗救援、警用执法、海上执法和搜救、近海石油平台运输等任务的能力，可满足中国全疆域军民多用户的需求，市场竞争力显著提升。

资料来源：通航在线。

【问题思考】

直升机在国家应急救援体系中发挥了什么作用？近年来，国产直升机在哪些领域取得了重大突破？

直升机是典型的军民两用产品，可以广泛地应用在运输、巡逻、旅游、救护等多个领域。本章主要阐述直升机的含义及分类，重点介绍包括旋翼和尾桨、动力装置、传动装置等在内的直升机结构部件，进一步以直升机最大起飞重量为分类依据，分别介绍各类直升机的典型机型及性能特征。

第一节　直升机概述

一、直升机介绍

（一）直升机概念

直升机是依靠一个或多个水平旋转的旋翼产生推力而飞行的航空器。旋翼安装在机体上方近似于垂直的旋翼轴上，由动力装置驱动，能在静止空气和相对气流中产生向上的升力。旋翼还可以在操纵下产生各个方向的水平分力。有机轮的直升机可以做超载滑跑起飞。当发动机在空中停车时，直升机可利用旋翼自转下滑，安全着陆。

一般直升机的最大速度可达300km/h，俯冲极限速度接近400km/h，实用升限可达6000m（世界纪录为12450m），航程可达600～800km，携带机内、外副油

M6-1　直升机简介

箱转场航程可达2000km。根据不同的需要，直升机有不同的起飞重量。

直升机的发展首先是为军事目的服务的，由于直升机的军民通用性很强，一些军用型号经过必要的改装或改进，很容易在民用方面得到应用。因此，在20世纪70年代以前，民用直升机都是从军用直升机改型而来的，如世界上第一架取得适航证的贝尔-47直升机就是军用型的改型。进入20世纪70年代初，民用直升机开始呈现快速发展的势头，苏联专门研制的民用直升机卡-26开始在农田和果园大量使用。世界能源危机促进了近海石油和天然气的开发，直升机应用于支援近海油田作业的迫切需求有力地推动了民用直升机的发展。20世纪80年代，医疗救护和警务等方面的需求扩大了民用直升机的市场，民用直升机的增长比较平稳，但增长速度比20世纪70年代有所放缓。进入21世纪，对民用直升机来讲，速度、采购和使用费用、安全性和舒适性仍是人们关注的焦点。直升机产业界将为研制通用性更强、速度更快、更安全可靠和舒适且使用维护费用更低的民用直升机而努力。

（二）直升机优缺点

1. 优点

直升机的突出特点是可以做低空（离地面数米）、低速（从悬停开始）和机头方向不变的机动飞行，特别是可在小面积场地垂直起降。由于这些特点使其具有广阔的用途及发展前景。在军用方面已广泛应用于对敌攻击、机降登陆、武器运送、后勤支援、战场救护、侦查巡逻、指挥控制、通信联络、反潜扫雷、电子对抗等。在民用方面应用于短途运输、医疗救护、救灾救生、吊装设备、地质勘探、护林灭火、空中摄影等。海上油井与基地间的人员及物资运输是民用的一个重要方面。

2. 缺点和改进

当前直升机相对固定翼飞机而言，振动和噪声较大、维护检修工作量较大、使用成本较高、速度较慢、航程较短。直升机今后的发展方向就是在这些方面加以改进。"鱼鹰"直升机（图6-2）可看作是短距-垂直起降固定翼飞机的变种或发展型，但尚待成熟，还不能替代直升机和固定翼短距-垂直起降飞机。将来随着航空技术的发展，当能够用涡扇喷气发动机替代涡桨发动机时，就可以全面替代现今使用涡轮轴、涡桨发动机的直升机。

图6-2　被誉为下一代"鱼鹰"的V280验证机

二、民用直升机分类

（一）按机翼结构分类

1. 单旋翼式

① 单旋翼带尾桨（Ducted Fan）　一个水平旋翼负责提供升力，尾部一个小型垂直旋翼（尾桨）负责抵消旋翼产生的反扭矩。例如，欧洲直升机公司制造的EC-135直升机。

② 单旋翼无尾桨（Notar）　一个水平旋翼负责提供升力，机身尾部侧面有空气排出，与旋

翼的下洗气流相互作用产生侧向力来抵消旋翼产生的反扭矩。例如，美国麦道直升机公司生产的MD520N直升机。

2. 双旋翼式

① 纵列式（Tandem） 两个旋翼前后纵向排列，旋转方向相反。例如，美国波音公司制造的CH-47"支努干"运输直升机。

② 横列式（Transverse） 两个旋翼左右横向排列，旋翼轴间隔较远，旋转方向相反。例如，苏联米里设计局研制的米-12直升机。

③ 共轴式（Coaxial） 两个旋翼上下排列，在同一个轴线上反向旋转。例如，苏联卡莫夫设计局研制的卡-50武装直升机。

④ 交叉式（Intermeshing） 两个旋翼左右横向排列，旋翼轴间隔较小，并且不平行，旋转方向相反。例如，卡曼宇航公司研制的K-MAX起重直升机。

3. 新概念式

新概念直升机是一种在短时间内完成四驱车和直升机之间互变的飞机，它是美国得克萨斯州的AVX飞机公司的最新设计成果，目前还在设计阶段。

（二）按用途分类

1. 旅客运输直升机

机舱内设有较舒适的座椅及先进的隔声、减振和其他所需设施，专用于旅客运输。在该类机中，座舱内经过专门设计，可作为要人专机或公务机。

2. 通用运输直升机

通用运输直升机可内装或外挂货物，也可用于人员运输，并且在装上必要的任务设备后，可用于救援、空中摄影等任务。

3. 公共服务直升机

安装所需的任务设备后，可用于公安执法、巡逻、观察、消防救火、抢险救灾、医疗救护等任务。该类机与通用运输直升机的不同之处是机上安装有固定的任务设备，专门执行上述某一或某些任务。

4. 特种作业直升机

机上装有任务所需的设备，专门执行各种空中特种作业任务，如地球物理勘探，高压输电线、石油和天然气管路巡检，农业及渔业作业。

5. 起重直升机

起重直升机具有很强的外部吊挂能力，可用于建筑施工、大型设备安装、原木运输等起吊任务。

6. 教练直升机

教练直升机主要用于民用直升机飞行人员和私人驾驶员的培训。

机型之最

直升机本质上是不同于飞机的另一种飞行器，其推力、升力和操纵的实现均和飞机有很大的差异。代表机型：UH-60、AH-1、AH-64、CH-53、CH-54、CH-46、CH-47、X-2、SB-1、AVX、V-22、V-280（美国）；X-3（欧洲）；米-26、米-28、米-171、卡-52（俄罗斯）；直-10、直-18、直-19、直-20（中国）。

① 世界上第一架实用直升机是西科斯基飞行器公司研制的VS-300，真正具备了现代直升机的飞行特点。采用单旋翼带尾桨结构，奠定了现代直升机最常用的气动布局。

② 世界上最小的直升机是日本研制的一种单人超小型直升机。直升机安装有一台37kW的强制冷发动机，主旋翼直径约6m，自重仅为115kg。

③ 世界上最大的直升机是苏联于20世纪60年代研制的米-12"信鸽"重型运输直升机。该机最大起飞重量为105t，主旋翼直径为35m，机身长达37m，货舱长28m，可运送中型坦克和火炮，安装有4台4.78MW的发动机，载重40t。

④ 世界上巡航速度最快的现役直升机——X-2，最高速度达到了463km/h。

⑤ 飞得最高的直升机是法国生产的SA-3158型"美洲驼"直升机。1972年6月21日，飞行员吉恩·鲍莱特驾驶"美洲驼"，创造了飞行高度达12442米的世界纪录。

⑥ 飞得最远的直升机是美国生产的OH-6直升机。1966年4月6日至7日，该机由飞行员费瑞驾驶，创造了直线航程3561.55km的世界纪录。

⑦ 世界上第一架武装直升机是由H-13直升机改装而成。1953年美国在H-13直升机上进行了无控火箭、榴弹发射器、机枪和反坦克炮试验，从而提高了直升机的战斗性能，为以后武装直升机的发展创造了条件。

⑧ 第一种使用弹射救生系统的直升机是苏联研制的卡-50"黑鲨"直升机。该机同时还夺得了第一种单座攻击直升机和第一种共轴式攻击直升机两项世界第一。

第二节 直升机主要技术特点

直升机一般由七个主要部分组成：旋翼和尾桨、动力装置及附件、传动系统、操纵系统、起落架、机身和机载设备。

一、旋翼与尾桨

旋翼系统由桨叶和桨毂组成。

1. 桨叶

M6-2 直升机结构

旋翼系统中，桨叶是提供升力的重要部件。按桨叶发展的先后顺序，目前已大量使用的可分为木质桨叶、钢木混合桨叶、金属桨叶和复合材料桨叶四种。智能旋翼桨叶正在研究中，尚未投入使用。目前，市场上主要采用的是金属桨叶和复合材料桨叶。

（1）金属桨叶

金属桨叶是由挤压的D型铝合金大梁和胶接在后缘上的后段件组成。后段件外面包有金属蒙皮，中间垫有泡沫塑料或蜂窝结构，如图6-3所示。这种桨叶比混合式桨叶气动效率高，刚度好，同时加工比较简单，疲劳寿命较高，因此在20世纪50年代后期，金属桨叶逐渐替代了混合式桨叶。

第六章 灵动与多面：全球主要通用直升机

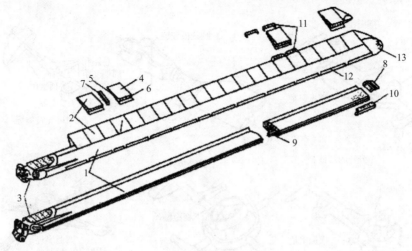

图6-3 金属桨叶构造

1—大梁；2—分段件；3—桨根接头；4—上蒙皮；5—下蒙皮；6—蜂窝支持件；
7—翼肋；8—桨尖可调配置；9—防振重；10—挡块；11—调配件；12—不锈钢包皮；13—桨尖整流罩

（2）复合材料桨叶

20世纪70年代初，随着复合材料的普遍使用，旋翼桨叶又进入一个新的发展阶段，即使用复合材料桨叶。图6-4所示为"海豚"直升机的复合材料桨叶结构，主承力件C形大梁主要承受离心力并提供了大部分挥舞弯曲刚度，它是由抗拉及弯曲方面比刚度和比强度较高的零度单向玻璃纤维预浸带构成。在翼型前部和后部各布置了一个Z形梁。前后Z形梁与蒙皮胶接在一起，使桨叶剖面形成多闭室结构；另外，桨叶蒙皮全部采用了与展向呈±45°的碳纤维布铺成，显然这些都是为了提高桨叶的扭转刚度。桨叶采用泡沫塑料作为内部支承件，前缘包有不锈钢片防止磨蚀。复合材料桨叶根部连接方式是一个突出的问题。为了不切断玻璃纤维，一般方式是使纤维缠绕在金属件上，使桨根结构干净光滑，没有明显的应力集中。它不仅提高了疲劳强度，也大幅减少了维护工作量。

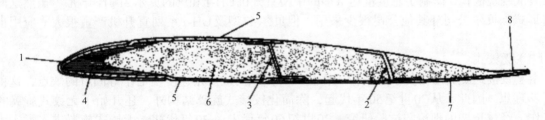

图6-4 "海豚"直升机的桨叶构造

1—前缘包皮；2，3—Z形梁；4—大梁；5—蒙皮；6—泡沫塑料支持件；7—蒙皮；8—后缘条

常见的桨叶平面形状有矩形、梯形和矩形加后掠形桨尖等。近年来桨尖的形状变化较多，目前已从第一代矩形、第二代简单尖削加后掠、第三代曲线尖削加后掠发展到下反式三维桨尖。桨叶剖面形状与飞机机翼剖面形状相似，为了具有良好的旋翼性能，往往要把桨叶翼形设计成沿桨叶展向变化，采用成套的翼形族去分别满足桨叶不同半径处在不同方位角的不同要求，使桨叶在不同气动环境中发挥不同翼形的性能。

2. 桨毂

旋翼形式是由桨毂构型决定的，已实际应用的旋翼形式有铰接式、万向接头式、跷跷板式、无铰式和无轴承式。直升机桨毂构型如图6-5所示。

145

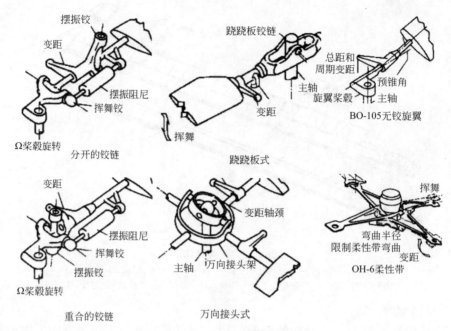

图6-5 直升机桨毂构型

（1）铰接式

铰接式（又称全铰接式）旋翼桨毂是通过桨毂上设置挥舞铰、摆振铰和变距铰来实现桨叶的挥舞、摆振和变距运动。典型的铰接式桨毂铰的布置顺序（从里向外）是由挥舞铰、摆振铰到变距铰，也有挥舞铰与摆振铰重合的。

（2）万向接头式及跷跷板式

20世纪40年代中期，在全铰式旋翼得到广泛应用的同时，贝尔公司发展了万向接头式旋翼，并将其成功地应用在总重量1t的轻型直升机贝尔47上。20世纪50年代中期又把万向接头式进一步发展成跷跷板式，研制了总重量达4t多的中型直升机UH-1和9t的贝尔214直升机。虽然这两种旋翼形式除贝尔公司外其他公司很少采用，但贝尔47型及UH-1系列直升机产量很大，应用也很广泛。

（3）无铰式

由于铰接式旋翼结构复杂、维护工作量大、操纵功效及角速度阻尼小等固有的缺点，这种形式不够理想。因此，从20世纪50年代起，除简化铰接式旋翼结构外，还开始了无铰式旋翼的研究工作。经过长期的理论与试验研究，20世纪60年代末~70年代初，无铰式旋翼进入了实用阶段。带有无铰式旋翼的直升机如德国生产的BO-105、英国生产的"山猫"（WG-13）等，取得了成功并投入了批量生产。

（4）无轴承式

前面所说的无铰式旋翼只是没有挥舞铰和摆振铰，却仍然保留了变距用的轴向铰，因此也还不是真正的"无铰"。由于保留了承受很大力矩和离心力的变距铰，结构重量难以减轻，结构的简化也受到了限制。无铰式旋翼合乎逻辑的进一步发展，就是取消变距铰。如图6-6所示，无轴承旋翼就是取消了挥舞铰、摆振铰和变距铰的旋翼，桨叶的挥舞、摆振和变距运动都以桨叶根部的柔性元件来完成。

3. 尾桨

尾桨是用来平衡旋翼扭矩和对直升机进行航向控制的部件。旋转着的尾桨相当于一个垂直安定面，能起到稳定直升机航向的作用。虽然尾桨的功用与旋翼不同，但是它们都是由旋转而产生空气动力、在前飞时处于不对称气流中工作的状态，因此尾桨结构与旋翼结构有很多相似之处。尾桨的结构形式有跷跷板式、万向接头式、铰接式、无轴承式以及涵道尾桨和"无尾桨"（Notar）式。前面几种形式与旋翼形式中的讨论相似，只是铰接式尾桨一般不设置摆振铰。20世纪70年代以来，又发展了无轴承尾桨（包括采用交叉式布置无轴承尾桨）及"涵道尾桨"。"涵道尾桨"是把尾桨置于机身尾斜梁的"涵道"之中，如图6-7所示。

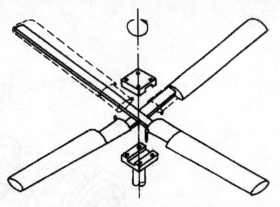

图6-6 西科斯基公司研制的一种"交叉梁"式的无轴承旋翼

目前，新型旋翼系统被广泛采用，包括新的高效三维变化翼型、全新型复合材料桨叶、球柔性或无轴承桨毂，改善直升机旋翼的气动特性，实现视情维护，并使桨叶达到无限寿命。

二、动力装置及附件

直升机动力装置主要有两种：一种是活塞发动机；另一种是涡轮轴发动机。直升机发展初期，都采用当时技术上比较成熟的活塞发动机作为动力装置，但这种发动机存在振动大、功率重量比和功率

图6-7 直-9直升机"涵道风扇"式尾桨

体积比小、控制复杂等许多问题。为解决上述问题，人们研制了直升机用涡轮轴发动机。

1. 航空涡轮轴发动机

航空涡轮轴发动机（简称涡轴发动机）是一种输出轴功率的涡轮喷气发动机。法国是最先研制涡轮轴发动机的国家。20世纪50年代初，透博梅卡公司研制成一种只有一级离心叶轮压气机、两级涡轮的单转子、输出轴功率的直升机用发动机，功率达到了206kW，成为世界上第一台直升机用航空涡轮轴发动机，定名为"阿都斯特-1"（Artouste-1）。首先装用这种发动机的直升机是美国贝尔直升机公司生产的贝尔47（编号为XH-13F），于1954年进行了首飞。

涡轮轴发动机自从问世以来，产品不断改进发展，结构、性能一代比一代好，型号不断推陈出新。据不完全统计，世界上直升机用航空涡轮轴发动机，经历了四代发展，输出轴功率从几十千瓦到数千千瓦，大大小小有二十几个发展系列。

2. 航空涡轮轴发动机分类

涡轮轴发动机根据其动力涡轮的形式不同，可分为固定涡轮轴发动机和自由涡轮轴发动机两种。前者的动力涡轮和燃气发生器转子共同固定在同一根轴上；后者的动力涡轮和燃气发生器转子分别固定在两根轴上，动力涡轴与燃气发生器转子彼此无机械联系，动力涡轴呈"自由"状态。自由涡轮轴发动机又可分为后出轴和前出轴两种。

3. 涡轮轴发动机的主要机件

与一般航空喷气发动机一样，涡轮轴发动机也有进气装置、压气机、燃烧室、涡轮及排气装置五大机件。涡轮轴发动机结构如图6-8所示。

涡轮轴发动机和活塞发动机相比，其最大的优点是功率重量比大，同时，涡轮轴发动机的使用、维护也简单，所以目前涡轮轴发动机使用非常广泛，基本上取代了活塞发动机。但活塞发动机具有耗油率低、价格便宜的优点，因此仍在小轻型直升机上使用（如R22和贝尔47直

升机)。

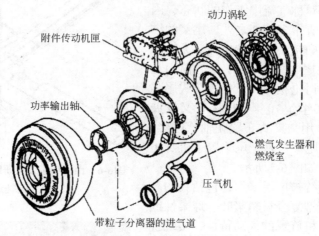

图6-8 涡轮轴发动机结构

三、传动系统

直升机的发动机与主减速器之间,主减速器和中、尾减速器之间以及和附件之间均需由传动轴和联轴器相连,以传递功率。传动装置是发动机驱动旋翼和尾桨旋转不可缺少的部件,它与发动机、旋翼、尾桨共同构成了一个完整的机械运动系统。直升机传动轴根据用途可分为主轴、中间轴和尾轴等(图6-9)。

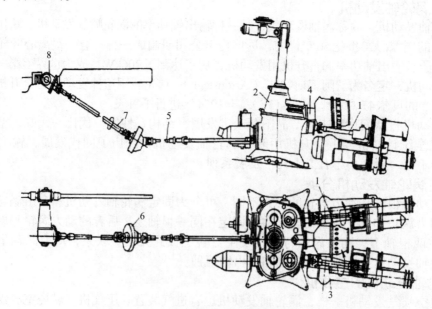

图6-9 直升机传动轴
1,3—主轴;2—主减速器;4—通风装置传动轴;5—尾轴;6—中间减速器;7—中间轴;8—尾部减速器

对传动系统的基本要求是工作可靠、扭转与弯曲振动小、传动效率高、结构与制造简单、重量轻、容易安装/拆卸和维护、运转噪声小等。

四、操纵系统

直升机操纵系统一般由周期变距操纵杆、脚蹬、油门总距变距杆、自动倾斜器、液压助力器、加载机构、卸载机构、旋翼刹车以及连杆、摇臂等组成（图6-10）。整个操纵系统分为油门总距变距系统、脚操纵系统和周期变距操纵杆操纵系统三大部分。操纵油门总距变距杆，可以使直升机垂直升降；操纵脚蹬，可以使直升机转弯；操纵周期变距操纵杆，可以使直升机向任意方向飞行。直升机操纵系统中一个独特的部件是自动倾斜器，它是操纵系统中最复杂的部件。直升机是利用自动倾斜器改变旋翼桨叶总距和周期变距来实现操纵的。

对直升机操纵系统的基本要求：重量小，刚度大，由摩擦、活动间隙和变形引起的操纵系统滞后时间应最短，驾驶杆和脚蹬上的反作

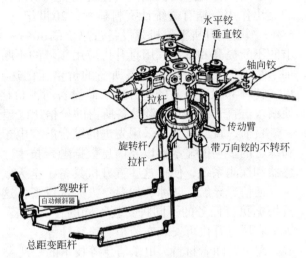

图6-10　直升机操纵系统

用力要缓和，纵向操纵、横向操纵、方向操纵和总距操纵应互不干扰，在机体发生变形时操纵系统不应出现卡死和夹住现象，附件应便于检查、安装和拆卸。

五、起落架

直升机起落装置的主要作用是吸收在着陆时由垂直速度带来的能量，减少着陆时撞击引起的过载，要保证在整个使用过程中不发生"地面共振"。直升机起落架的形式有多种，用于地面降落的轮式起落架和滑橇式起落架，用于水上降落的浮筒式起落架，也有同时装有浮筒和机轮的两用起落架（水陆两栖直升机用）。由于直升机的飞行速度都不快，所以大多数起落架是不可收放的、固定式的，通常只是在起落架的支柱和斜支柱上安装整流罩以减小阻力。在飞行速度较快的直升机上已采用可收放起落架。在单旋翼带尾桨式直升机上的尾梁和尾斜梁的连接处通常装有尾撑，以防止尾桨叶打地或尾梁和中间减速器与地面相撞。直升机在摇晃厉害的小型舰只上起降时，为了防止直升机滑移和翻倒，要采用辅助着舰装置。目前使用的辅助着舰装置主要有"鱼叉"着舰装置和拉降装置两种。

六、机身

直升机的构型对机身外形和受力方式有很大影响。按构造来分，直升机机身有构架式、梁式和混合式。对机身的主要要求包括：便于安装空勤人员的座位并有良好视界；容易安置乘客座椅并且舒适；内部容积利用率高；各种附件容易接近并便于安装、拆卸和维护；要有足够的强度和刚度；外形成流线型；制造简单并且重量轻。过去机身结构多是用铝、镁等轻金属材料制造，现在复合材料已大量应用于机身结构。复合材料的比强度、比刚度比铝合金的高，能大幅减轻机身结构重量，而且破损安全性能好、制造工艺简单。

七、机载设备

直升机机载设备是指直升机上保证飞行和完成各种任务的设备和系统的总称。直升机机载设备品种繁多，包括电气、显示和控制、导航、通信及电子对抗、故障诊断等系统。随着现代直升

机技术发展，机载设备的地位越来越重要。机载设备性能的优劣已成为现代直升机先进与否的重要标志之一，先进的机载设备在提高直升机的使用效能和保证经济性、安全性方面具有不可替代的突出作用。据有关统计资料显示，20世纪80年代中期的民用直升机上，机载设备只占总价的5%；军用直升机上，机载设备占总价的30%～40%。随着对民用直升机和军用直升机的性能要求的不断提高和军、民用直升机应用领域的不断拓展，机载设备占全机总价的比例有了显著的增加。目前民用直升机中设备所占的价格比已达15%左右，而军用直升机，尤其是专用武装直升机、特种部队所装备的直升机机载设备所占价格比已上升至50%左右。美国研制的RAH-66轻型侦察攻击直升机，其机载设备所占的价格比已超过60%。

目前，直升机大多采用先进的综合航空电子系统和任务设备，特别是数据总线、任务计算机和综合的多功能显示器以及信息数据融合技术，实现了信息共享和多路传输，加上先进的夜视传感器和探测系统，使得这些直升机具备了全天候使用的能力。保证飞行的有各种仪表、电气、供氧、通信、导航、防冰、加温、灭火等设备，这些设备与普通固定翼飞机上的设备差不多。直升机根据执行任务的不同将安装不同的任务设备。救护直升机可安装救援吊车、担架、医疗设备等；农用直升机可安装农药箱、喷雾杆等。

总之，随着材料、电子信息等技术的快速发展，目前世界直升机技术已达到一个新的水平。

第三节　直升机典型机型介绍

一、小型直升机

小型直升机的代表型号有罗宾逊直升机公司生产的罗宾逊R22、罗宾逊R44，恩斯特龙直升机公司生产的恩斯特龙F28/280，西科斯基飞行器公司生产的S-300C、S-330等。

1. 罗宾逊R22

图6-11　R22

（1）型号概况

自从20世纪70年代末投入使用以来，R22已经成为世界上最受欢迎的小型直升机之一（图6-11），它由罗宾逊直升机公司的奠基人法兰克福·罗宾逊设计。该机被认为是一种有效适用、价格便宜、性能可靠和经济性强的多用途双座小型直升机，比较而言，在同一等级中，它的速度、安全性、可承受的报价及运营成本均有竞争力。该机设计工作于1973年开始，1975年8月28日完成首飞，1979年10月开始交付使用。目前，R22系列直升机生产数量已达4500架左右。R22的使用范围包括直升机驾驶员训练、牛羊群放牧监控、交通状况监测和警用空中执勤等。

（2）设计特点

R22的设计开始于20世纪70年代，原型机装有1台莱康明公司生产的85kW（115马力）O-235活塞发动机，生产型换装O-320-A2B或A2C发动机。旋翼系统采用2片桨叶的半刚性旋翼，尾桨为2片桨叶，安装在尾梁左侧。机身座舱旋翼塔座和发动机架为焊接钢管和轻合金主结构，有硬壳式尾锥，机身蒙皮为轻合金和玻璃钢结构。

（3）主要型号

R22：基本型，装莱康明公司生产的O-320-A2B或A2C活塞发动机。

R22HP：高动力型，装莱康明公司生产的160马力O-320-B2C活塞发动机。

R22阿尔法（Alpha）：改进型，装莱康明公司生产的O-320-B2C活塞发动机。

R22贝塔（Beta）：R22阿尔法改进型，装莱康明公司生产的O-320-B2C活塞发动机。

R22贝塔Ⅲ：R22贝塔动力改进型，装1台莱康明公司生产的O-360-J2A活塞发动机，用于改善高温、高原的起降性能。

R22"水手"：水上型，配有水上起降浮筒，装莱康明公司生产的O-320-B2C活塞发动机。

R22"水手"Ⅱ：水上改进型，配有水上起降浮筒，装莱康明公司生产的O-360-J2A活塞发动机。

R22警用型：装有警用通信设备、探照灯、警报器和高音喇叭。

R22 IFR型：装有供直升机仪表飞行规则训练用的飞行仪表。

（4）性能数据

罗宾逊R22性能数据见表6-1。

表6-1 罗宾逊R22性能数据

乘员	2名
尺寸	机长6.5m，机高2.7m，旋翼直径7.67m，旋翼桨盘46.2m^2
重量	空重385kg，最大起飞重量621kg
性能	最大巡航速度177km/h，极限速度189km/h，爬升率5m/s，最大升限4267m，转场航程386km
动力装置	1台莱康明公司生产的O-320-A2B或A2C活塞发动机，功率93kW

2. 罗宾逊R44

（1）型号概况

R44直升机虽然与早期的R22都是采用活塞发动机作为动力，但是R44是更大的4座布局，几乎和采用涡轮轴发动机的贝尔206"喷气突击队员"机体长度一样，见图6-12。

M6-3 罗宾逊R44

图6-12 R44

R44一经上市立刻受到了市场的欢迎，至今罗宾逊直升机公司在加利福尼亚州的托兰斯工厂已经为全世界客户生产了2000多架R44直升机。

罗宾逊直升机公司总裁和创始人弗兰克·罗宾逊于1986年开始着手设计4座轻型活塞式直升

机，在进行了大量结构和机械零部件疲劳测试后，于1990年3月31日进行了首飞。1992年12月10日获得了美国联邦航空管理局适航证，不久后开始向用户交付。

（2）设计特点

R44研发之初便将贝尔206"喷气突击队员"的各项性能数据作为参照目标，目的是制造一种巡航速度为205～215km/h的4座轻型直升机，它的性能能够接近装涡轮轴发动机的直升机，但采购成本却只有涡轴直升机的1/3，并具有更显著的维护成本优势。

R44与2座R22一样，使用了相同且简单的设计、制造和经营理念。该机装1台莱康明公司生产的O-540水平对置6缸活塞发动机，将功率降至165kW，用于起飞、驱动双桨叶旋翼和尾桨。动力系统还包括1个电子油门调速器、旋翼制动器和自动离合器。

（3）主要型号

R44"阿斯特拉"（Astro）：标准型。

R44"快船"（Clipper）：水上型，采用了浮筒形式的起落架，于1996年7月获得认证。

R44警用型：机头装有1个陀螺稳定转塔，内装红外传感器或电视摄像机，还装有视频监控器、探照灯和外凸的舷窗，该型机于1997年7月获得认证。

R44新闻专用型：可以在机头转塔内装电视摄像机的改型。

R44"雷鸟"（Raven）：改进型，2000年4月推出，该机采用了可调节脚踏板、挠性尾桨轴承，以及1套液压飞行控制系统。

RA44"雷鸟"Ⅱ：进一步改进型，2002年7月推出，采用了更大功率的燃油喷射发动机和更宽的旋翼桨叶，有效提高了最大起飞重量并改善了高原性能。

（4）性能数据

罗宾逊R44性能数据见表6-2。

表6-2 罗宾逊R44性能数据

乘员	机组人员1～2名，乘客2～3名
尺寸	机长9m，机高3.3m，旋翼直径10.1m
重量	空重657.7kg，有效载荷408kg，满载起飞重量1134kg
性能	最大速度240km/h，巡航速度210km/h，最大升限4270m，航程560km
动力装置	1台莱康明生产的IO-540-AE1A5活塞发动机，功率165kW

3. 恩斯特龙F28/280

（1）型号概况

恩斯特龙F28是美国恩斯特龙直升机公司研制的3座轻型多用途直升机（图6-13）。1962年5月12日第一架F28首飞。1962年11月13日在一次意外事故中坠毁。第二架于1963年年初制成，1963年11月4日获得临时适航证。1968年开始生产改进型F28A。2013年1月4日，中国重庆直升机产业投资有限公司收购美国恩斯特龙直升机公司全部股权，开始正式执掌具有53年历史的美国恩斯特龙直升机公司。

（2）设计特点

恩斯特龙F28系列直升机为单旋翼带尾桨式布局。机身内部装有1台发动机。采用滑橇式起落架。旋翼系统采用摆振平面为刚性的3叶旋翼，桨叶为胶接结构。采用2片铝合金胶接结构的跷跷板尾桨。机身为钢管柱式结构。座舱蒙皮用层压玻璃纤维增强塑料制成。内部座椅为全金属薄板结构。尾部为铝合金半硬壳式结构。采用铝管滑橇式起落架，带两个地面滑动用的小轮。备有浮筒式起落架。

图6-13 恩斯特龙F28F

（3）主要型号

F28A：基本型，装1台莱康明公司生产的HIO-360-C1B水平对置4缸活塞发动机，功率208马力。该型于1978年停产。

F28C：F28A改进型，装1台莱康明公司生产的HIO-360-F1AD发动机，功率为218马力，发动机带有301E-10-2涡轮增压器。

F28C-2：在F28C的基础上改装，换成整体式的风挡玻璃。

F28F"隼"（Falcon）：F28C-2改进型，装莱康明公司生产的HIO-360-F1AD发动机（改用了32E-102涡轮增压器），发动机功率为228马力。主减速器进行了重新设计。旋翼主轴为厚壁结构，装有轻型排气管消声装置，该装置悬停时可减少40%噪声，在152m高度飞行时可减少30%噪声。

F28F-P"哨兵"（Sentinel）：警用巡逻型，该型是为加利福尼亚州帕萨迪纳警察局研制的。1986年10月交付首架，装有探照灯及专用治安无线电台。

恩斯特龙280：F28系列的改进型，由F28A基本型发展而来。主要差别在于座舱加大，气动力外形进行了改进，尾部加装了一个小垂尾，尾梁下面加装了一个较大的尾鳍，为防止尾部触地装有尾橇，加装了小的固定式平尾，燃油容量加大。装1台功率为208马力的莱康明公司生产的HIO-360发动机。

恩斯特龙280C：恩斯特龙280改进型，主要差别在于在莱康明公司生产的HIO-360-F1AD发动机上加装了301E-10-2涡轮增压器。

恩斯特龙280F"鲨鱼"（Shark）：恩斯特龙280C改进的4座型，装1台莱康明公司生产的228马力HIO-360-F1AD发动机。

恩斯特龙280FX：恩斯特龙280F改进型，改进了起落架，重新设计了舱顶上的进气口，前移了平尾和垂直安定面。

（4）性能数据

恩斯特龙F28F性能数据见表6-3。

表6-3 恩斯特龙F28F性能数据

乘员	机组人员1名，乘客2名
尺寸	机长8.94m，机高2.74m，旋翼直径9.75m，旋翼桨盘74.72m²
重量	空重712kg，最大起飞重量1179kg
性能	最大平飞速度180km/h，巡航速度164km/h，实用升限3660m，转场航程446km
动力装置	1台莱康明公司生产的HIO-360-F1AD活塞发动机，功率168kW

4. S-300C

(1) 型号概况

施韦策300（Schweizer 300）可以说是一种非常成功的3座直升机，几十年来2个生产厂家已经生产了3000多架。这种多用途通用直升机的研发可以追溯到20世纪50年代，以美国休斯直升机公司于1956年10月首飞的2座休斯269直升机为基础。在该机型赢得美国军方青睐后，休斯直升机公司又研发了3座休斯269B直升机，对外称为休斯300，该机于1964年进行首飞。1969年，又研制了休斯300C，并于1969年8月首飞。1986年，施韦策直升机公司收购了该直升机包括生产权、知识产权的一切相关权利，此后该机就改称施韦策300C。收购后施韦策直升机公司对施韦策300C进行了250多项细节上的改进，但基本的设计一直没有变动。2004年8月26日，西科斯基飞行器公司收购了施韦策直升机公司，施韦策直升机公司成为西科斯基飞行器公司的子公司，施韦策直升机也就成为西科斯基直升机家族中的一员。2009年2月，施韦策300C更名为西科斯基S-300C，见图6-14。

图6-14　S-300C

2006年昌河飞机工业（集团）有限责任公司与美国西科斯基飞行器公司的子公司施韦策直升机公司联合宣布携手合作，将由上海西科斯基飞机有限公司生产S-300C/CBi直升机。

(2) 设计特点

S-300C采用了3桨叶全铰接式旋翼，双桨叶跷跷板式尾桨，座舱为轻合金框架及大面积有机玻璃透明舱罩，座舱内最多可并排乘坐3人，座舱后装1台140kW的莱康明公司HIO-360-D1A发动机，细长管状结构尾梁。S-300CB是装HO-360-C1A发动机的教练机。最新的改型S-300CBi是S-300CB的改进型。

(3) 主要型号

S-300C：基本型。

S-300C"空中骑士"：警用型，加装所需警用装备，上海西科斯基飞机有限公司生产的该机称作"申3A"。

S-300CB：教练型，装HO-360-CIA发动机，功率有所降低。

S-300CBi：S-300CB的改进型，加装发动机燃油喷射装置，改进旋翼部分机械零件。上海西科斯基飞机有限公司生产的该机称作"申2B"。

(4) 性能数据

S-300C性能数据见表6-4。

表6-4　S-300C性能数据

乘员	2～3名
尺寸	机长6.8m，机高2.66m，旋翼直径8.18m，旋翼桨盘52.5m²
重量	空重500kg，最大起飞重量930kg
性能	最大速度153km/h，巡航速度124km/h，转场航程360km，实用升限3111m
动力装置	1台莱康明公司生产的HIO-360-D1A活塞发动机，功率140kW

二、轻型直升机

轻型直升机的代表型号有航空工业生产的直-11，阿古斯塔·韦斯特兰公司生产的AW109、AW119，贝尔直升机公司生产的贝尔407，空客直升机公司生产的AS350"小松鼠"，空客直升机与航空工业哈飞合作生产的EC120/HC120"蜂鸟"、EC130，麦道直升机公司生产的MD500、MD600N等。

1. 直-11

（1）型号概况

直-11（Z-11，商业编号AC301）是由昌河飞机工业（集团）有限责任公司及中国直升机设计研究所共同研究及制造的直升机（图6-15），是中国自行设计、研究及制造的第一款具有自主知识产权的直升机。该机1989年批准立项，1992年进入全面研制，大量采用了我国消化的美国军用标准作为专用标准。1994年12月实现首飞。1999年9月开始，直-11由中国飞行试验研究院负责进行设计定型试飞，2000年10月圆满完成了试飞大纲所规定的全部设计定型试飞科目，其中包括数项风险科目。

图6-15　直-11航拍直升机

直-11的仿制原型为原法国宇航公司研制的AS350"松鼠"多用途轻型直升机。中国直升机设计研究所为该型号的设计工作，进口了先进的CAD/CAM计算机辅助设备。在研制过程中，首次用计算机辅助设计建立了实用的全机理论外形，填补了我国直升机领域CAD/CAM的空白。

2002年8月25日，昌河飞机工业（集团）有限责任公司与中央电视台在京举行了直-11中继航拍直升机交接暨颁证仪式，标志着直-11成为我国第一款进入民用航空领域的国产直升机，也标志着我国内地新闻媒体首次拥有自己的新闻采访用专业直升机。

AC311直升机是在直-11MB1基础上的最新改进型（图6-16），最大起飞重量2200kg，可乘坐6人。该机装有一台低油耗霍尼韦尔公司生产的LTS101-700D-2发动机或国产WZ8D发动机。AC311采取了新设计方案，在外观设计上，机身外形更加具有流线型，采用长寿命星形柔性复合材料旋翼系统，机头则采用以驾驶员为原点视野的开阔大玻璃设计，驾驶员视野更加宽阔。而且，AC311采用了高度集成化综合航电系统，大幅减轻了驾驶员的飞行负担。AC311最大设计飞行高度达到7500m，可在我国西部高原地区使用，打破了中国直升机飞行高度的纪录。最大航程达到620km，最大航时达到4h。可广泛应用于边防巡逻、抢险救灾、交通运输、空中观光、新闻采访等通用航空服务。2012年11月13日取得中国民航管理部门颁发的生产许可证。

图6-16　AC311

（2）设计特点

直-11是一种2吨级6座轻型多用途直升机。采用主旋翼加尾桨布局，主旋翼采用3桨叶星形柔性复合材料旋翼，采用双桨叶跷跷板复合材料尾桨。装有一台WZ8D发动机，功率450kW，巡航功率350kW，最大510kW。机体为金属、复合材料结构，复合材料起落架，带阻尼器滑橇。燃油箱为弹塑性结构。

（3）主要型号

直-11：基本型。

直-11ME1：航拍型，中央电视台订购的型号，机身右侧加装了空中航拍设备，还加装了电视信号微波中继设备。

直-11MB1（AC301A）：高原型，换装透博梅卡公司生产的阿赫耶2B1A发动机，提高了性能，改进了部分机载设备。

AC311：改进型，重新构建了总体外形，换装霍尼韦尔公司生产的LTS101-700D-2发动机，换装复合材料旋翼系统，全面升级航电系统。

（4）性能数据

直-11性能数据见表6-5。

表6-5　直-11性能数据

乘员	驾驶员1名，乘客5名
尺寸	机长13.012m，机高3.14m，旋翼直径10.69m，尾桨直径1.86m
重量	空重1256kg，最大起飞重量2200kg
性能	最大巡航速度240km/h，转场航程560km，实用升限5240m
动力装置	1台WZ8D涡轮轴发动机，最大功率510kW，巡航功率350kW

2. AW109

（1）型号概况

阿古斯塔公司生产的A109是一种高性能直升机，该机是同等级直升机中最成功的机型之一。2007年，阿古斯塔·韦斯特兰公司成立后，A109已编号改为AW109，见图6-17。

第一架A109原型机于1971年8月4日首飞。1974年开始正式生产，1976年年底向用户交付首架飞机。A109A基本型于1981年9月被改进的A109A Mk Ⅱ所代替。A109A Mk Ⅱ的改进包括加大传动系统的传输功率，重新设计了新型尾桨驱动轴，提高了尾桨叶片寿命，改进了航电设备。后来在A109A Mk Ⅱ基础上发展了宽体型A109C，将机身两侧侧壁向外凸出，增加内部空间，重新布置地板下的油箱，使用功率更大的艾利逊公司生产的250-C20R1发动机。A109C还采用了新型复合材料的旋翼桨叶。

　　A109K于1983年4月进行了首飞，动力装置为2台透博梅卡公司生产的470kW阿赫耶1K1涡轮轴发动机。装477kW的普·惠PW206C发动机的是A109E，于1995年2月8日进行了首飞，1996年8月通过审定。阿古斯塔·韦斯特兰公司成立后将A109E更名为AW109"威力"（Power），A109E以前的型号的编号保持不变。A109E以A109K-2为基础，升级了加强型起落架和改进的旋翼，发动机具有全权限数字式发动机控制系统。

图6-17　AW109"威力"（Power）

　　2005年11月，昌河飞机工业（集团）有限责任公司和原阿古斯塔公司的合资公司在景德镇正式成立，从事A109的生产和销售。合资公司主要生产机体和旋翼部分，发动机及部分航电设备需要进口。

（2）设计特点

　　A109采用主旋翼加尾桨布局，采用4桨叶全铰接式复合材料主旋翼，桨尖后掠，采用双桨叶跷跷板铝合金尾桨，装有2台透博梅卡公司或普·惠公司生产的涡轮轴发动机，铝合金半硬壳式结构机身，机身后部结构上抬，与尾梁段外轮廓连成直线，尾桨布置在尾梁末端左侧，尾梁末端有平尾和垂尾，轮式前三点起落架，A109E为可收放式起落架。

（3）主要型号

A109A：基本型。

A109A Mk Ⅱ：改进型，提高传动系统功率。

A109C：宽体型，装艾利逊公司生产的250-C20R-1发动机。

A109K-2：救援型，加装相应救援设备，升级了航电及飞控系统。

AW109"威力"（A109E）：改进型，装透博梅卡公司生产的阿赫耶2K1发动机或普·惠加拿大公司生产的PW206C发动机。

AW109S"尊贵"（A109S）：AW109豪华改型，装普·惠加拿大公司生产的PW207C发动机，舱内采用高档豪华内饰。

AC109：中国生产的A109E。

（4）性能数据

A109E性能数据见表6-6。

表6-6　A109E性能数据

乘员	驾驶员1名，乘客6~7名
尺寸	机长10.71m，机高3.3m，旋翼直径11m，旋翼桨盘95m²
重量	空重1570kg，最大起飞重量2850kg
性能	最大速度289km/h，转场航程977km，实用升限6100m
动力装置	2台普·惠加拿大公司生产的PW206C涡轮轴发动机，单台功率477kW

3. AW119

（1）型号概况

阿古斯塔·韦斯特兰公司生产的AW119"考拉"（Koala）直升机（图6-18）在阿古斯塔公司与韦斯特兰公司合并之前称为A119。阿古斯塔公司于1994年开始A119的研发工作，首架原型机于1995年年初首飞。第二架原型机于1995年年底试飞，1998年年底获得合格证。

图6-18　金汇通航AW119 Ke

AW119最大的卖点是宽体机身。阿古斯塔公司声称其客舱比当时任何一种单发直升机的客舱大30%，可在执行紧急医疗服务（EMS）任务时容纳2副担架及2名医护人员，而大部分单发直升机一般只能有1副担架的空间。AW119每侧机身各有1个大型滑动舱门，可以很方便地出入主客舱。位于机身后部的行李舱也可在飞行中由主客舱进入。为了降低成本，该机选用了单发布局，而没有采用安全性更好的双发布局。AW119第一架原型机使用的发动机为1台透博梅卡公司生产的阿赫耶1涡轮轴发动机，第二架原型机更换成额定起飞功率747kW的普·惠加拿大公司生产的PT6B-37发动机，正式生产型依然采用此款发动机。AW119采用复合材料4桨叶旋翼、复合材料夹紧装置、全铰接式旋翼系统、无需维修的钛质桨毂。

（2）设计特点

AW119采用主旋翼加尾桨的总体布局，采用4桨叶全铰接式复合材料主旋翼，钛合金桨毂，双桨叶跷跷板尾桨。装有1台普·惠加拿大公司生产的PT6B-37涡轮轴发动机。铝合金半硬壳式结构机身，机身后部结构上抬，尾梁末端下部装有较大的尾鳍，尾桨布置在尾梁末端左侧。固定滑橇式起落架，尾鳍下端装有尾橇。

（3）主要型号

AW119：基本型。

AW119Ke：改进型，采用了新技术的旋翼桨叶和复合材料尾桨桨叶。

（4）性能数据

AW119性能数据见表6-7。

表 6-7　AW119 性能数据

乘员	驾驶员1名，乘客6~7名
尺寸	机长13.01m，机高3.77m，旋翼直径10.83m，旋翼桨盘92.1m²
重量	空重1430kg，最大起飞重量2720kg
性能	最大速度267km/h，转场航程991km，实用升限6096m
动力装置	1台普·惠加拿大公司生产的PT6B-37A涡轴发动机，输出功率747kW

4. 贝尔407

（1）型号概况

贝尔407是贝尔206"喷气突击队员"和贝尔206L"远程突击队员"的换代机型（图6-19）。1993年贝尔直升机公司开始新型轻型飞机的研发工作，该机是贝尔206的大航程改进型。贝尔直升机公司将一架改装过的贝尔206L-3作为贝尔407概念展示机，于1994年4月1日进行了首飞，贝尔407概念展示机将带有尾梁的贝尔206L-3机身和军用OH-58D"基奥瓦"（使用4桨叶旋翼）的气动系统相结合，机身侧面装上整流罩来模拟加宽的机身。试制型贝尔407于1995年进行了首飞，1995年11月生产型贝尔407进行了首飞。1996年2月开始向客户交付。

图6-19　贝尔407

M6-4　贝尔407

与贝尔206L相比，贝尔407的特点是采用OH-58D4桨叶旋翼，该系统使用了复合材料结构，其桨叶和桨毂无使用寿命的限制。4桨叶旋翼的优点是可提高性能和增加操作舒适性。相对于贝尔206L，贝尔407的变化还包括：客舱加宽18cm，增加了客舱内部宽度和空间；客舱窗户增大35%；动力装置为1台采用全权限数字式发动机控制系统的艾利逊公司生产的250-C47涡轮轴发动机，在高温、高原条件下，增加了最大起飞重量并改进了性能。

（2）设计特点

贝尔407采用主旋翼加尾桨的总体布局，采用4桨叶无铰复合材料主旋翼，复合材料无铰桨毂，双桨叶跷跷板复合材料尾桨。装有1台采用全权限数字式发动机控制系统的艾利逊公司生产的250-C47涡轮轴发动机。铝合金、金属蜂窝材料、复合材料等多种材料用于制造机身，尾梁为碳纤维复合材料，水平安定面装于尾梁中段，两端有箭头形端板，尾梁末端右侧装有箭头形垂直安定面，尾桨布置在尾梁末端左侧。固定滑橇式起落架，尾鳍下端装有尾橇。

（3）主要型号

贝尔407：基本型，装艾利逊公司生产的250-C47B涡轮轴发动机。

贝尔407HP：高功率型，装霍尼韦尔公司生产的760kW（1021马力）HTS900发动机。

贝尔407GX：升级型，采用佳明公司生产的G1000航电系统的玻璃座舱，完善了飞控系统。

（4）性能数据

贝尔407性能数据见表6-8。

表6-8 贝尔407性能数据

乘员	驾驶员1名，乘客7名
尺寸	机长12.7m，机高3.56m，旋翼直径10.67m，旋翼桨盘89m²
重量	空重1210kg，有效载荷1065kg（机内）/1200kg（吊挂），最大起飞重量2722kg
性能	最大速度260km/h，巡航速度246km/h，转场航程598km，实用升限5698m
动力装置	1台艾利逊公司生产的250-C47B涡轮轴发动机，功率606kW

5. AS350"小松鼠"

（1）型号概况

AS350"小松鼠"是空客直升机公司生产的单发涡轴式轻型直升机，以高性能、坚实耐用、可靠性高、使用成本低等特点而著称，可乘坐6人，包括2名飞行员在内。该机用途广，包括医疗救助、搜救、空中执法、石油平台支持、公务飞行、电力巡线、护林防火、旅客运输、航拍飞行。全球已售出超过4000多架AS350"小松鼠"直升机。

AS350基本型采用一台透博梅卡公司生产的阿赫耶涡轮轴发动机，燃油系统包括一个540L的航空煤油箱，一个装有10.4kg润滑油的发动机润滑和润滑油冷却系统，基本的飞行仪表，座椅传动系统，三片复合材料桨叶的主旋翼。AS350 B2采用了一台透博梅卡公司生产的阿赫耶1D1发动机，并保持着优秀的用户使用记录。作为一款优秀的多用途直升机，其外挂重量超过1t，并装有机体发动机多功能显示系统（VEMD）。AS350 B3作为从AS350"小松鼠"系列中衍生出的一款高性能机型，以其强劲的动力、灵活的用途、低采购成本和维护费用，全面领先所有6座直升机，见图6-20。其适用于高温、高原作业，2005年5月，AS350 B3标准型成功地在珠穆朗玛峰（8848m）上进行了起降。

（2）设计特点

AS350 B3e装备了透博梅卡公司生产的阿赫耶2D涡轮轴发动机，该发动机的控制系统升级为三通道发动机控制：双通道FADEC（全权限数字发动机控制系统）外加第三个独立并且自动备份通道。该现代化的发动机装备有一套发动机数据记录仪（EDR），负责管理发动机周期计数以及损伤追踪。人机界面的基本配置中装了机身与发动机多功能显示系统（VEMD），该系统可以帮助飞行员通过双液晶屏显示立刻知晓所有主要的机身与发动机参数。为增加空中客运任务的舒适性，提供了一套全新的内饰设计。

图6-20 AS350 B3e

（3）主要型号

AS350 B：基本型，装1台478kW的透博梅卡公司生产的阿赫耶1B涡轮轴发动机。1977年10月27日获得法国型号合格证，1978年3月开始交付，1992年停止生产。

AS350 BA：装1台478kW的透博梅卡公司生产的阿赫耶1B涡轮轴发动机。与AS350 B相比，主旋翼桨叶加大了，最大起飞重量增加了150kg，1998年AS350 BA停止生产。

AS350 B1：高温、高原型，装1台510kW的透博梅卡公司生产的阿赫耶1D涡轮轴发动机。

AS350 B2：改进型，装1台546kW的透博梅卡公司生产的阿赫耶1D1涡轮轴发动机，加大了传动功率。

AS350 B3：装1台632kW具有全权限数字式发动机控制系统的透博梅卡公司生产的阿赫耶2B1涡轮轴发动机。

AS350 B3e：AS350 B3高性能版，装1台具有全权限数字式发动机控制系统的透博梅卡公司生产的阿赫耶2D发动机，改进了机身。

EC130 B4：增大座舱，采用与AS350 B3一样的透博梅卡公司生产的阿赫耶2B1涡轮轴发动机。

AS355 NP：AS350系列双发型，在美国以"TwinStar（双星）"为名进行销售，装2台343kW的透博梅卡公司生产的阿赫耶1A1涡轮轴发动机。

（4）性能数据

AS350 B3性能数据见表6-9。

表6-9　AS350 B3性能数据

乘员	驾驶员1名，乘客5名（标准布局）
尺寸	机长10.939m，机高3.34m，旋翼直径10.69m
重量	空重1220kg，有效载荷1022kg，最大起飞重量2800kg
性能	巡航速度258km/h，最大速度287km/h，转场航程665km，实用升限5280m，爬升率10.3m/s
动力装置	1台透博梅卡公司生产的阿赫耶2B1涡轮轴发动机，功率632kW

6. EC120/HC120"蜂鸟"

（1）型号概况

EC120直升机是中国、法国、新加坡三国合作研制的，见图6-21。航空工业哈飞总装的该直升机编号为HC120，民用型称"蜂鸟"。该项目启动于1993年。EC120直升机是一种面向21世纪的多用途轻型直升机，它采用带有3片高性能复合材料桨叶的球柔性主旋翼和新式低噪声涵道尾桨，安装有性能可靠的大功率发动机，配备了先进的电子设备。

图6-21　EC120

该机具有油耗低、噪声小、乘坐舒适、使用维护成本低等特点，可广泛用于治安巡逻、公务运输、航空医疗运输和训练等通用航空活动，是目前国际上最先进的轻型直升机之一。

（2）设计特点

EC120直升机的旋翼系统为球柔性桨毂、3桨叶旋翼、2级减速齿轮传动装置、8桨叶涵道尾桨。旋翼桨叶、尾桨桨叶、滑橇式起落架及大部分机身均为复合材料结构，中机身为金属结构。球柔性桨毂和旋翼轴是复合材料成套件。装有抗坠毁座椅和燃油系统。EC120直升机选装1台透博梅卡公司生产的TM319阿赫耶2F涡轮轴发动机，燃油总量为416L，可载1名驾驶员和4名旅客，行李舱在发动机下面，并和座舱地板平齐，从座舱能够到行李，装有侧门和后门。EC120装有直升机和发动机故障显示器（VEMD），VEMD是一个双余度3模块的数据处理系统，可通过显示器来显示性能参数和维修信息。

（3）性能数据

EC120性能数据见表6-10。

表6-10　EC120性能数据

乘员	驾驶员1~2名，乘客4名
尺寸	机长9.6m，机高3.4m，旋翼直径10m
重量	空重724kg，最大起飞重量1715kg
性能	巡航速度223km/h，转场航程710km，实用升限5182m，爬升率5.84m/s
动力装置	1台透博梅卡公司生产的TM319阿赫耶2F涡轮轴发动机，功率376kW

三、中型直升机

中型直升机的代表型号有航空工业生产的直-9，阿古斯塔·韦斯特兰公司生产的AW139，贝尔直升机公司生产的贝尔412、贝尔429，空客直升机公司生产的EC135、EC155，卡曼宇航公司生产的K-MAX，西科斯基飞行器公司生产的S-76等。

1. 直-9

（1）型号概况

直-9（Z-9，商业编号AC312）是由航空工业哈飞引进法国"海豚"直升机的许可生产的多用途直升机（图6-22）。1980年10月，国务院批准以技贸结合形式，引进生产专有权合同。具体由航空工业哈飞负责，引进法国SA365N1"海豚"直升机专利，开始生产直-9，1982年完成了首架机的装配。后经航空工业哈飞长期努力，发展出多个型别。至1990年年底，与法国协议签订的50架最初的专利生产型已全部生产完毕。之后航空工业哈飞生产了两架直-9A-100，尝试了直-9生产的国产化。1992年1月16日，成功完成了国产化直-9（国产化率达到71.9%）的首飞。此后直-9的生产全面转向国产型直-9，该型号定名直-9B，后又被称为H410。

图6-22　直-9/AC312

H410A型实际上是以直-9B型为基础的改型,换装功率更大、高温高原性能更好、可靠性更高的法国透博梅卡公司生产的阿赫耶2C发动机。该型号可为西北地区提供一种高原型直升机,飞行性能比直-9其他型号有较大提高。

2003年12月30日,直-9的又一种改型H425直升机首飞成功,标志着航空工业哈飞民用直升机技术迈向了整机研制的方向。H425最大起飞重量4250kg,航程800km。采用先进的民机设计理念和国际标准,整合全球航空技术资源,可靠性、经济性和适航性较佳。选用了新型发动机、传动系统,加装抗坠毁系统。H425与H410A采用了法国生产的"黑豹"的机身结构,比直-9基本型的机身结构更为先进。

(2)设计特点

直-9采用普通旋翼加涵道式尾桨的布局。其旋翼系统由4桨叶复合材料旋翼和星形柔性旋翼桨毂组成。涵道风扇由一个桨毂和模锻的轻合金13桨叶尾桨组成(H410后改为11桨叶尾桨)。直-9的动力装置采用2台透博梅卡公司生产的阿赫耶涡轮轴发动机。发动机的输出轴向外伸出,经过自由轮,到主减速器的伞形和行星齿轮减速。国产化型直-9上使用WZ8A(阿赫耶1C的国产化型号)涡轮轴发动机,在最大飞行重量时可单发飞行。机上主要机载设备包括甚高频和高频通信/导航设备、甚高频全向信标、仪表着陆系统、无线电罗盘、应答机、测距设备、雷达和自主式导航系统。可以选装的设备包括承载能力为1700kg的吊索和承载能力为275kg的绞车,绞车索长90m或74m。直-9B的机上设备可选装BG-0.6无线电高度表、150W单边带电台、KJ-13自动驾驶仪、40A·h蓄电池和容量为400L的转场油箱等国产化设备;可选装KDF-806无线电罗盘、KTR-908无线电台、TB-31机内通话设备、电动绞车、带测力计和反光镜的外吊挂、搜索灯等进口设备。

(3)主要型号

直-9:基本型,相当于SA365N。

直-9A:加大功率型,相当于SA365N1。

直-9B(H410):国产化型,原称直-9A-100,使用国产WZ8A发动机,民用型编号为H410,其中410代表最大起飞重量4100kg。

H410A:H410改进型,装具有数字式发动机控制系统的透博梅卡公司生产的阿赫耶2C发动机,提高了高温、高原性能。

H410G:H410A的警用型。

H425:H410A的改进型,换装新型弧线桨尖的旋翼系统,装具有数字式发动机控制系统的透博梅卡公司生产的阿赫耶2C发动机,改进航电系统,实现玻璃座舱,其中425代表最大起飞重量4250kg。

(4)性能数据

H410(AC312)性能数据见表6-11。

表6-11 H410(AC312)性能数据

乘员	机组人员2名,乘客9名
尺寸	机长13.46m,机高4.06m,旋翼直径11.93m,旋翼桨盘111.98m^2
重量	空重2010kg,最大起飞重量4100kg
性能	最大速度306km/h,转场航程860km,实用升限6000m,爬升率7.6m/s
动力装置	2台WZ8A涡轮轴发动机,单台功率625kW

2. AW139

(1)型号概况

AW139是阿古斯塔·韦斯特兰公司生产的15座中型双发直升机(图6-23)。最初由意大利阿古斯塔公司和美国贝尔直升机公司联合设计和研发,以AB139的名称推向市场,当贝尔直升机公司从项目中撤出后,名称改为AW139。在AW139基础上又衍生出AW149军用型直升机和以民用为主的AW189直升机。

M6-5　AW139

图6-23　AW139

AW139的设计和研发始于1997年,意大利直升机厂家阿古斯塔公司提出一项计划,为已经老旧的贝尔"休伊"直升机家族研发一种新型替代机型,由贝尔直升机公司和阿古斯塔公司联合研制生产,预计潜在市场需求为900架。1998年,贝尔直升机公司和阿古斯塔公司达成协议,建立合资企业贝尔/阿古斯塔宇航公司,研发直升机和倾转旋翼机,它们的型号分别是AB139和BA609。2001年2月3日第一架原型机在意大利首飞,2002年6月24日第一架生产型试飞,2003年首次交付客户。

公司共接到430多架AW139直升机订单,到2009年1月交付了其中的200多架。该机还曾是美军轻型多功能直升机项目的竞标机型之一,但败给了空客直升机公司以EC145为基础的UH-72A"拉科塔"(Lakota)直升机。

2010年6月,意大利阿古斯塔·韦斯特兰公司和俄罗斯直升机公司在莫斯科托米林直升机生产基地建立工厂,从2011年年底开始联合生产AW139。

(2)设计特点

AW139是一种传统布局的双发直升机,装有5片复合材料桨叶全铰接式旋翼、钛合金桨毂、4桨叶尾桨,可收放式起落架。机组人员2名,最大载客15名,客舱有3排座椅,每排可坐5人。动力装置为2台普·惠加拿大公司生产的PT6C涡轮轴发动机。

(3)性能数据

AW139性能数据见表6-12。

表6-12　AW139性能数据

乘员	机组人员1~2名,乘客15名
尺寸	机长13.77m,机高3.72m,旋翼直径13.8m,旋翼桨盘149.57m²
重量	空重3622g,满载起飞重量6400kg
性能	最大速度310km/h,转场航程1061km,实用升限6098m,爬升率10.9m/s
动力装置	2台普·惠加拿大公司生产的PT6C-67C涡轮轴发动机,单台功率1142kW

3. 贝尔412

(1)型号概况

贝尔412的研发工作始于1970年,贝尔直升机公司将2架贝尔212改装为4桨叶旋翼的新型直升机,改装后的新直升机被称为贝尔412。1979年8月,完成改装的贝尔412原型机进行了首飞,1981年1月,贝尔412获得目视飞行规则认证,并开始向用户交付。

贝尔412除了在贝尔直升机公司进行生产,还以许可方式在其他国家生产。贝尔/阿古斯塔宇航公司生产的贝尔412被称为AB412。印度尼西亚飞机工业公司也获得许可证生产100架贝尔412，型号为NBell412。

贝尔412直升机是在贝尔212基础上研发的机型，主要改进是由直径较小的4桨叶旋翼取代了贝尔212的双桨叶旋翼系统。贝尔412SP是第一种改型，意为特殊性能型。贝尔412SP增加了载油量，飞行载重更大，可选装更多座椅。1991年开始生产贝尔412HP高性能型，用以取代贝尔412SP，其特点包括具备悬停性能更好的改进传动装置。最新的在产机型为贝尔412EP增强性能型，装有1台PT6T-3D发动机和2套自动飞行控制系统作为标准配置，可选装电子飞行仪表系统，还可选装固定式前三点起落架。

（2）设计特点

贝尔412在贝尔212的基础上改装了全新的4片复合材料桨叶，采用减振悬挂装置，改善了直升机性能，减少了噪声和振动水平，使巡航速度增加25%。在同一升力条件下，贝尔412有效载荷比贝尔212增加了10%，为进一步降低直升机振动水平，发展了摆式减振器。从1984年开始，这种摆式减振器已成为贝尔412的标准装置。发动机采用普·惠加拿大公司生产的PT6T-3系列涡轮轴发动机。采用滑橇式起落架，部分型号可选装轮式前三点固定起落架。

（3）主要型号

贝尔412：基本型，装普·惠加拿大公司生产的PT6T-3B发动机。

贝尔412SP：特殊性能型，装普·惠加拿大公司生产的PT6T-3BF发动机。

贝尔412HP：高性能型，装普·惠加拿大公司生产的PT6T-3BG或PT6T-3D发动机。

贝尔412EP：增强性能型，装普·惠加拿大公司生产的PT6T-3DF发动机。

贝尔412Epi：全面升级型，航电升级，采用玻璃座舱，装带有全权限数字式发动机控制系统的普·惠加拿大公司生产的PT6T-9发动机，见图6-24。

图6-24 贝尔412Epi

AB412：意大利贝尔/阿古斯塔宇航公司生产的贝尔412。

NBell412：印度尼西亚生产的贝尔412SP。

（4）性能数据

贝尔412性能数据见表6-13。

表6-13 贝尔412性能数据

乘员	机组人员1～2名，乘客13名
尺寸	机长17.1m，机高4.6m，旋翼直径14m，旋翼桨盘154.4m^2
重量	空重3079kg，最大外挂重量2040kg，最大起飞重量5397kg
性能	最大速度259km/h，巡航速度226km/h，转场航程745km，实用升限6096m
动力装置	2台普·惠加拿大公司生产的PT6T-3BE涡轮轴发动机，单台功率671kW

4. EC135

（1）型号概况

空客直升机公司生产的EC135直升机是MBB公司生产的Bo108直升机的新编号，Bo108是Bo105直升机的替代发展型。

Bo108试验项目成功后，MBB公司于1991年1月宣布将投产安装阿赫耶或PW206发动机的Bo108直升机以替代Bo105直升机，并计划于1994年获得适航证，1995年开始交付用户。1992年1月，欧洲直升机公司成立，MBB公司与法国宇航公司同属空客直升机公司旗下，使得该直升机能够采用原属于法国宇航公司知识产权的涵道尾桨技术。

采用涵道尾桨的Bo108于1994年2月15日首飞，此时该机已经被授予了欧洲直升机公司统一编号，称为EC135。EC135于1996年6月14日获得了德国的适航证，1996年7月31日获得美国联邦航空管理局颁发的适航证。

MBB公司生产的Bo108原本打算设计成高科技直升机的演示机，因此运用了一系列的高新科技，包括无铰接旋翼（西科斯基飞行器公司和波音公司将这项技术运用于它们联合设计的RAH-66"科曼奇"武装直升机）、全复合材料无轴承尾桨、装有减振装置的紧凑型减速器（允许更高的客舱高度）、复合材料结构、改进的气动外形、现代的航电设备和电子飞行仪表系统。第一批Bo108装艾利逊公司生产的250-C20R3涡轮轴发动机，于1988年10月15日首飞。装普·惠加拿大公司生产的PW206发动机的EC135被命名为EC135P1，装透博梅卡公司生产的阿赫耶2B1发动机的EC135则称EC135T1。

（2）设计特点

EC135采用主旋翼带涵道尾桨的总体布局，采用4桨叶无铰、无轴承FVW主旋翼，不均匀分布10桨叶涵道尾桨。装有2台阿赫耶2B系列或2台PW206B系列涡轮轴发动机。机舱地板、侧壁、尾梁构件为铝合金材料，其余部件为凯芙拉/碳纤维复合材料蜂窝结构。尾梁后部尾桨涵道前装有复合材料水平安定面，水平安定面两端有箭头形端板，尾桨下方有辅助垂尾。采用固定滑橇式起落架。

（3）主要型号

EC135P1：基本型，装普·惠加拿大公司生产的463kW（621马力）PW206发动机。

EC135T1：基本型，装透博梅卡公司生产的435kW（583马力）阿赫耶2B1发动机。

EC135P2：EC135P1改进型，装普·惠加拿大公司生产的463kW（621马力）PW206B2发动机。

EC135T2：EC135T1改进型，装透博梅卡公司生产的452kW（606马力）阿赫耶2B2发动机。

EC135P2+：ECI35P2改进型，装带有全权限数字式发动机控制系统的普·惠加拿大公司生产的498kW（667马力）PW206B2发动机。

EC135T2+：EC135T2改进型，装带有全权限数字式发动机控制系统的透博梅卡公司生产的473kW（634马力）阿赫耶2B2发动机，见图6-25。

图6-25　EC135T2+

EC135P3：EC135P2+改进型，装带有全权限数字式发动机控制系统的普·惠加拿大公司生产的528kW（708马力）PW206B2发动机。

EC135T3：ECI35T2+改进型，装带有全权限数字式发动机控制系统的透博梅卡公司生产的492kW（60马力）阿赫耶2B2+发动机。

（4）性能数据

EC135T2+性能数据见表6-14。

表6-14 EC135T2+性能数据

乘员	机组人员1名，乘客7名（最大）或两副担架
尺寸	机长12.16m，机高3.51m，旋翼直径10.2m，旋翼桨盘81.7m²
重量	空重1455g，最大外挂重量1455kg，最大起飞重量2910kg
性能	最大速度287km/h，巡航速度254km/h，转场航程635km，实用升限6096m，爬升率7.62m/s
动力装置	2台透博梅卡公司生产的阿赫耶2B2涡轴发动机，单台功率473kW（634马力）

5. EC155

（1）型号概况

空客直升机公司生产的EC155（现改名H155）是一种双发远程中型直升机，属于法国宇航公司"海豚"直升机家族的新型号（图6-26），最多可搭载13名乘客与1~2名驾驶员，根据客户的要求可用于客运、近海石油平台支援、要员专机和伤员运输等任务。

图6-26 中信海直的EC155

法国宇航公司生产的AS365N3的后续型编号原为AS365N4，在法国宇航公司并入空客直升机公司后，AS365N4重新编号为EC155。与以前的"海豚"系列直升机相比，EC155客舱空间显著增大。

空客直升机公司于1996年9月启动该直升机的研发，1997年6月在巴黎航展上正式对外公布。1997年6月17日，一架利用"海豚"机体改造的EC155原型机进行了首飞。1998年3月11日，第一架预生产型的EC155B首飞，投产后不久，于1998年12月11日获得了法国和德国安全认证。1999年3月开始正式交付EC155B。EC155B重新设计了客舱，比以前的"海豚"直升机增加了30%以上的乘客个人空间，行李货舱同样增加了30%的容积。改进还包括采用5桨叶柔性桨毂的复合材料旋翼，沿袭了"海豚"系列直升机可降低振动和噪声水平的涵道尾桨。EC155B装2台透博梅卡公司生产的配备了双通道全权限数字式发动机控制系统的635kW阿赫耶2C1涡轮轴发动机。EC155B1使用性能改进的697kW阿赫耶2C2发动机，并可配备防冰系统，使直升机能够在极地寒冷气象条件下使用。

该机采用全玻璃座舱，装备了集成式数字飞行控制系统，采用有源点阵液晶显示器，装有空客直升机公司的机体发动机多功能显示系统。EC155还配备四维数字式自动驾驶仪，以及全权限数字式发动机控制系统，构成完整的健康与使用监控系统（HUMS）。

（2）设计特点

EC155采用普通旋翼加涵道式尾桨的布局。其旋翼系统由5桨叶复合材料旋翼和星形柔性旋翼桨毂组成。涵道风扇由一个桨毂和模锻的轻合金10桨叶尾桨组成。EC155的动力装置采用2台透博梅卡公司配备双通道全权限数字式发动机控制系统的阿赫耶2C系列涡轮轴发动机。采用先进的全玻璃座舱，可收放前三点轮式起落架。

（3）主要型号

EC155B：基本型。

EC155B1：改进型，改进了发动机整流罩，改进了一些机载设备，增大了最大起飞重量。

（4）性能数据

EC155B1性能数据见表6-15。

表6-15　EC155B1性能数据

乘员	机组人员1~2名，乘客13名
尺寸	机长14.3m，机高4.35m，旋翼直径12.6m，旋翼桨盘124.7m²
重量	空重2618kg，最大起飞重量4920kg
性能	极限速度324km/h，最大巡航速度263km/h，转场航程857km，实用升限4572m，爬升率8.9m/s
动力装置	2台透博梅卡公司生产的阿赫耶2C2涡轮轴发动机，单台功率697kW

6. S-76

（1）型号概况

西科斯基飞行器公司生产的S-76是一种中型多用途直升机，使用双发涡轮轴发动机，具有4桨叶旋翼和尾桨，以及可收放起落架。S-76A直升机可用于执行近海支援、商业运输和伤员运送等通用任务。我国自20世纪80年代开始，多家石油公司就采购该机型用于勘探等海上石油服务项目。

西科斯基飞行器公司于20世纪70年代中期开始研发S-76，采用和借鉴了在研发S-70"黑鹰"过程中取得的技术和经验。生产型S-76A于1977年3月13日首飞，1978年11月取得美国联邦航空管理局颁发的适航证。S-76A装2台艾利逊公司生产的250-C30S涡轮轴发动机，可以搭乘12名乘客。1982年3月出现了第一种改型S-76Ⅱ，该型采用动力更强劲的艾利逊公司生产的250-C30S发动机，有40处细节的改进。S-76B则装2台普·惠加拿大公司生产的PT6-36B涡轮轴发动机，总共生产了101架，1998年12月交付最后一架。S-76C装2台透博梅卡公司生产的阿赫耶1S1发动机。S-76A+则是在S-76A基础上改装了阿赫耶发动机。S-76C+安装有功率增加18%并具有全权限数字式发动机控制系统的阿赫耶2S1发动机，并于1996年中期获得认证。S-76C+的改进包括复合材料桨叶、扭转桨叶的低噪声尾桨、有源降噪减振控制系统，以及1套先进的健康与使用监控系统。1套3台液晶显示器综合仪表显示系统提供当前的发动机和旋翼信息，辅助霍尼韦尔公司生产的由4台液晶显示器构成的电子飞行仪表系统。

（2）设计特点

S-76采用普通旋翼加尾桨的布局。其旋翼系统由4桨叶全铰接式旋翼和铝合金旋翼桨毂组成，旋翼为钛合金空心大梁、金属合金前缘与蜂窝夹层的复合材料蒙皮结构，桨尖后掠。4桨叶复合材料十字尾桨安装在尾斜撑左侧。尾斜撑下端装有一块全动平尾。S-76机头段为玻璃纤维复合材料，机舱段为铝合金/蜂窝夹层蒙皮壁板的胶接结构，尾梁为半硬壳式轻合金结构。采用可收放前三点轮式起落架。

（3）主要型号

S-76A：基本型，装2台艾利逊公司生产的485kW（650马力）250-C30S涡轮轴发动机。

S-76A+：换发型，装2台透博梅卡公司生产的阿赫耶1S涡轮轴发动机。

S-76A++：S-76A+改进型，装2台透博梅卡公司生产的539kW（981马力）阿赫耶1S1涡轮轴发动机。

S-76A MkⅡ：S-76A全天候改进型，装2台艾利逊公司生产的250-C30S涡轮轴发动机。

S-76B：S-76A换发型，装2台普·惠加拿大公司生产的PT6-36A或PT6-36B涡轮轴发动机。

S-76C：S-76B改进型，装2台透博梅卡公司生产的阿赫耶1S1涡轮轴发动机。

S-76C+：S-76C改进型，装2台透博梅卡公司生产的采用全权限数字式发动机控制系统的阿赫耶2S1涡轮轴发动机。

S-76C++：S-76C+改进型，装2台透博梅卡公司采用全权限数字式发动机控制系统的621kW阿赫耶2S2涡轮轴发动机。

S-76D：S-76C+全面升级改进型，装2台普·惠加拿大公司生产的746kW（1000马力）PW210S涡轮轴发动机，采用新型安静尾桨，升级航电系统，见图6-27。

图6-27　S-76D直升机

M6-6　S-76D

（4）性能数据

S-76C+性能数据见表6-16。

表6-16　S-76C+性能数据

乘员	机组人员2名，乘客12～13名
尺寸	机长16m，机高4.415m，旋翼直径13.41m
重量	空重3177kg，满载起飞重量5307kg
性能	极限速度324km/h，最大巡航速度287km/h，转场航程761km，实用升限4200m
动力装置	2台透博梅卡公司生产的阿赫耶2S1涡轮轴发动机，单台功率688kW

四、超中型直升机

超中型直升机是指最大起飞重量在7.5～9t、介于传统的中型直升机和大型直升机之间的一个新级别的直升机，之所以叫它们"新级别"，是因为这一吨位的直升机过去在民用领域尚处空白。目前国际上共有3款超中型直升机：空客直升机公司的7.5t H175、莱昂纳多公司（阿古斯塔·韦斯特兰公司已并入）生产的8.6t AW189和贝尔公司生产的8.5t贝尔525。中国直-15民用版的AC352仍在验证试飞，即将投放市场。

1. 直-15/H175

（1）型号概况

直-15（Z-15，商业编号为AC352）是由空客直升机公司和航空工业哈飞联合研发的7t中型运输直升机，空客直升机公司编号为H175（图6-28）。该机型填补了中国直升机谱系中4～13t的空白，也是该吨位最先进的直升机之一，发动机等主要部件全部国产化。

2008年2月24日，H175在美国休斯敦举办的国际直升机博览会上正式推出。根据中法联合研发协议安排，双方各自建立该型直升机的总装生产线，向各自负责的市场区域销售该机，并且为用户提供售后支援服务。空客直升机公司主要负责减速器、尾桨、航电系统、自动驾驶仪、液压和电气系统、舱门和透明部件的研发和生产，以及完成最后系统集成工作，并建造3架原型机中的2架（第一架和第三架）。航空工业哈飞将负责机身、后减速器、旋翼系统、燃油系统、飞控系统和起落架的研发和生产。H175于2009年年底在法国马赛成功首飞，2012年直-15机身正式在航空工业哈飞下线。2016年12月20日，直-15在哈尔滨首飞。

M6-7 空客H175

图6-28 直-15/AC352

（2）设计特点

直-15采用2台具有全权限数字式发动机控制系统的普·惠加拿大公司生产的1492kW（2000马力）PT6C-67E涡轮轴发动机，5桨叶旋翼和3桨叶尾桨。其主减速器有2个辅助减速器，取消了离合器，从而降低了辅助动力装置的成本和重量。

直-15最多能够搭载16名乘客，并配有使用方便的大型推拉式舱门以及大尺寸的舷窗。直-15舱内采用全通式甲板，驾驶舱和客舱之间没有间隔。该机还可选装客舱甲板下的辅助油箱。直-15的驾驶舱有4台14.7cm×19.6cm的多功能液晶显示器和1台可选的主显示器，并配备了一套数字式全双工四轴自动飞控系统。

该机具备在6级海况下飞行的能力，并配有2个12～18人的大型救生筏。其噪声水平远远低于国际民用航空组织的要求。

（3）主要型号

直-15：航空工业生产的型号。

H175：空客直升机公司生产的型号。

（4）性能数据

直-15性能数据见表6-17。

表6-17　直15性能数据

乘员	机组人员2名，乘客16~18名
尺寸	机长15.68m，机高3.47m，旋翼直径14.8m，旋翼桨盘172m²
重量	空重4603kg，最大起飞重量7800kg
性能	最大速度315km/h，转场航程1260km，实用升限6000m
动力装置	2台普·惠加拿大公司生产的PT6C-67E涡轮轴发动机，单台功率1492kW

2. AW189

（1）型号概况

AW189是由意大利阿古斯塔·韦斯特兰公司研发的新一代8.6t超中型直升机，是一款专门以满足全球油气保障市场需求的机型（图6-29）。此外，该机也能用于搜索救援和公务运输任务，可灵活应用于海上通勤、搜救、执法等各种复杂环境下作业。

2011年12月21日，AW189直升机在意大利Cascina Costa基地完成首飞。公司称，AW189的整体操纵系统和基本系统在首飞中达到了预期水平。该机于2013年开始取证，2014年投入使用。AW189满足了最新的美国联邦航空管理局和欧洲航空安全局29部最严苛的安全标准，同时具备全球最强的50min主减速器干运转能力。2020年3月初，莱昂纳多公司（阿古斯塔公司母公司）获得欧航局关于AW189 Phase 7航电更新，集成了CT7发动机最新的全权限数字控制软件和实时数据传输，大幅提高了AW189的运行效率并降低了维护成本，而且CT7发动机引入限时派遣（TLD）技术，提高了飞机的签派可靠度，降低了由于航班延误或取消导致的运行损失。

图6-29　AW189

作为目前国际上仅有的三款超中型直升机之一，AW189是最早实现交付的机型，其启动用户Bel Air于2014年4月得到两架AW189直升机，并使用它们在北海上空执行远程的海上运输任务。截至2018年，AW189已在全球交付近70架，总飞行小时超过45000h，单机飞行最多的已近4000h。在我国，AW189的潜在客户包括中信海洋直升机股份有限公司、交通运输部救助打捞局、北京市公安局、广州市公安局等单位。

（2）设计特点

AW189装有2台GE公司生产的全权限数字控制系统的CT7-2E1涡轮轴发动机，单台功率为1492kW，并装有Microturbo公司生产的辅助动力装置。其巡航速度设计为268~278km/h，满载状态下可以将货物运送到140海里（259km）远的海上平台并返回。采用的超轻减重Gliner一体式机舱壁板及GSeatray特护地板，对比现有常用复合材料实现减重30%~50%，不断提升该机的运载力，定制化的GSoftliner特护软包材料也为该机众多定制化需求提供了保障。

（3）性能数据

AW189性能数据见表6-18。

表6-18 AW189性能数据

乘员	机组人员2名，乘客16名（标准）/19名（最大）/12名（远程）
尺寸	机长17.6m，机高5.06m，旋翼直径14.6m，旋翼桨盘172m²
重量	空重5800kg，最大起飞重量8600kg
性能	巡航速度268～278km/h，转场航程907km，爬升率9.9m/s
动力装置	2台GE公司生产的CT7-2E1涡轮轴发动机，单台功率1492kW

五、大型直升机

大型直升机的代表型号有航空工业生产的直-8，空客直升机公司生产的AS332/EC225"超级美洲豹"，卡莫夫公司生产的卡-32，米里莫斯科直升机厂股份公司生产的米-171，西科斯基飞行器公司生产的S-92等。

1. 直-8（AC313）

（1）型号概况

直-8是我国20世纪90年代在法国生产的SA321"超黄蜂"直升机的基础上测绘研制的一款大型直升机（图6-30）。该机于1976年开始研制，首架原型机于1985年12月首飞，首架生产型直-8于1989年交付中国海军航空兵使用，1994年8月通过国家设计定型。

图6-30 直-8直升机

进入21世纪后，随着国民经济和部队现代建设的发展，对直升机的需求日益增长，为扩大直-8的使用范围，占领更多的市场份额，满足不同用户的需要，必须进一步改进直-8的技术状态，提高技术水平。直-8的改进主要集中在以下几个方面：改进升力系统，以先进的复合材料旋翼和尾桨取代金属旋翼和尾桨，更换性能更好的发动机，更新机载电子设备。

2002年珠海航展，首次展出换装发动机后的直-8F通用型直升机，其是在直-8A的基础上换装普·惠加拿大公司生产的PT6B-67A发动机和复合材料桨叶以及新型航电系统，提高了该机的性能，其可靠性、经济性和操纵性都有了明显的提高，在军民用领域都有广泛的用途。2004年8月直-8F首飞成功，特别是在2005年10月，直-8F成功进行了高原地区试飞，试飞表明，直-8F完全适应地形复杂、环境恶劣的高原地区飞行，体现了直-8F改进后的优越性能。为提高直-8F的性能和竞争力，直-8F使用复合材料制作旋翼，并采用先进翼型气动布局，因此直-8F爬升率、使用升限及悬停升限均有较大提高。同时由于后期维护费用的减少，整机费用得到降低。

2010年3月18日，AC313大型多用途民用直升机在江西景德镇首飞成功（图6-31）。AC313实际上就是直-8F100的商业编号。AC313是我国第一款完全按照适航条例规定的要求和程序研制的大型运输直升机,也是我国自行研制生产的唯一一种大型直升机,填补了我国大型民用直升机生产的空白。

AC313具有优化的机体气动外形、先进的旋翼桨叶翼型和配置,旋翼悬停效率高、尾桨抗侧风能力强,突破了我国大型运输直升机飞行性能限制的瓶颈技术,具备了高原飞行能力,能更好地满足山区等复杂地区对直升机飞行性能的苛刻要求。该机采用先进的涡轮轴发动机、大功率传输能力的传动系统,旋翼系统采用先进复合材料桨叶和钛合金球柔式主桨毂,机体为金属+复合材料结构,复合材料使用面积占全机的50%,航电系统采用国际通行的429数据总线,实现了数字化综合显示控制。整机性能达到国际第三代直升机水平。

M6-8　AC313

图6-31　AC313

(2)设计特点

直-8采用常规单旋翼带尾桨的布局,6桨叶全金属或复合材料旋翼和5桨叶尾桨,发动机采用3台WZ6或3台普·惠加拿大公司生产的PT6B-67系列涡轮轴发动机,采用前二后一的布局。其机身底部为船形,设有多个水密舱,可以在水上漂浮、滑行和起降,特别适合在海上执行任务。AC313取消了船形设计,改为流线型机身,更符合空气动力学要求。其内部比较宽敞,货舱总容积为28m³,内部最大有效载荷为4t,外挂最大吊挂能力为5t,可以选装起吊能力为275kg的绞车和营救作业设施,可实施紧急救援。

(3)主要型号

AC313(直8F-100):民用型,以直-8F为基础的改型,装3台1448kW的普·惠加拿大公司生产的PT6-67A涡轮轴发动机。

直-8WJS:森林消防型,装备武警森林部队,用于森林灭火作业。

(4)性能数据

AC313性能数据见表6-19。

表6-19　AC313性能数据

乘员	机组人员2名,乘客27名
尺寸	机长23.035m,机高6.66m,旋翼直径18.9m,旋翼桨盘280.5m²
重量	空重7550kg,满载起飞重量13800kg
性能	巡航速度266km/h,转场航程900km,实用升限6000m
动力装置	3台普·惠加拿大公司生产的PT6B-67A涡轮轴发动机,单台功率1448kW

2. AS332/EC225 "超级美洲豹"

（1）型号概况

空客直升机公司生产的AS332"超级美洲豹"是一种双发大型多用途直升机，可用于民用和军事用途。AS332最初由法国宇航公司设计制造，是SA330"美洲豹"的加长和换发的改进型，于1978年首飞。SA330"美洲豹"主要于20世纪80年代生产，SA331是在SA330机体基础上改装的验证原型机，其生产型编号改为AS332。自1990年后，已全部转产"超级美洲豹"。

1998年6月，空客直升机公司宣布开始研发新一代直升机，第一架原型机于2000年11月27日进行了首飞，其新生产型号的编号变更为EC225"超级美洲豹"，2004年7月获得欧洲航空安全局颁发的适航证，见图6-32。

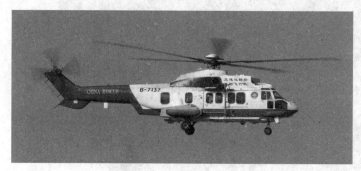

图6-32　EC225

EC225目前具有4种布局配置：标准乘客运输型可载19名乘客，紧凑型布局可容纳多达24名乘客；要员运输型布置了空间很大的贵宾休息间，并安排了8名乘客和1名空中乘务员的座椅；应急医疗服务布局可装载6副担架和4名医务人员座椅以及机载医疗单元；搜救型带有1名搜救操作员以及相应的搜寻和救援设备，1名吊车操作员和8名被救援者座椅以及3副担架。

（2）设计特点

"超级美洲豹"系列直升机采用常规单旋翼带尾桨的总体布局，4桨叶（"超级美洲豹"Ⅰ、Ⅱ）或5桨叶（EC225）复合材料旋翼和5桨叶（"超级美洲豹"Ⅰ）或4桨叶（"超级美洲豹"Ⅱ、EC225）尾桨。机身为普通全金属结构，尾梁平直，后段下部装有尾鳍，平尾布置在尾斜梁上部左侧。"超级美洲豹"Ⅱ、EC225加长加大了机身，发动机为2台马基拉系列涡轮轴发动机，"超级美洲豹"Ⅰ为马基拉1A、"超级美洲豹"Ⅱ为全权限数字式发动机控制系统的马基拉1A2、EC225装全权限数字式发动机控制系统马基拉2A。起落架为前三点可收放轮式起落架，前起落架为双轮，主起落架为单轮。

（3）主要型号

AS332C"超级美洲豹"：基本民用型。

AS332C1"超级美洲豹"：搜救型，在AS332C基础上改进，配备有搜索雷达和6副担架。

AS332L"超级美洲豹"：加长型，采用功率更大的发动机，具有更大的客舱空间和更大的油箱。

AS332L1"超级美洲豹"：AS332L的升级型，具有加长的机身以及按民航客机标准装饰的客舱。

AS332L2"超级美洲豹"Ⅱ：AS332L1的进一步改型，安装了柔性旋翼系统和电子飞行仪表系统。

EC225"超级美洲豹"Ⅱ+：AS332L2基础上的改进型，采用5桨叶旋翼，使用的新型翼型可以明显降低旋翼产生的振动。使用2台透博梅卡公司生产的马基拉2A1涡轮轴发动机，该发动机具有双通道全权限数字式发动机控制系统和防冰系统,能够在极地寒冷的气候条件下飞行。还采用了全新的增强型旋翼减速箱,安装了有源点阵液晶显示器的全玻璃座舱。

(4)性能数据

EC225性能数据见表6-20。

表6-20　EC225性能数据

乘员	机组人员2名,乘客19名
尺寸	机长19.5m,机高4.97m,旋翼直径16.2m,旋翼桨盘206.15m^2
重量	空重5256kg,满载起飞重量11000kg,最大起飞重量11200kg
性能	最大速度275km/h,巡航速度260km/h,转场航程857km,实用升限5900m
动力装置	2台透博梅卡公司生产的马基拉2A1涡轮轴发动机,单台功率1776kW

3. 卡-32

(1)型号概况

卡-32(北约称为"蜗牛"C)是苏联卡莫夫设计局设计的一种多用途直升机,是在军用型卡-27的基础上改造的民用型直升机。

卡-32有多种改型,但各种改型的外观都很相似。卡-32T是通用型直升机,用于人员运输、紧急医疗救护、抢险救援或飞行起重等任务,虽然它仅装备了最基本的航电设备,但在卡-32系列中该型是生产数量最多的。卡-32S安装了综合仪表飞行规则的航电设备,适合在恶劣气象条件下飞行,可以搭载于破冰船、科考船上用于海上飞行作业,也可进行海上搜救作业、近海石油钻井平台的航空支持或执行其他任务。卡-32K是起重直升机型号,机身底部设有一个可伸缩的吊舱,以供副驾驶清晰观察机身下吊挂物品的同时操纵直升机。卡-32A与卡-32T类似,也属于通用型号,不同的是,卡-32A于1993年6月获得了相当于FAR 29部和FAR 33部适航条例的俄罗斯NLG-32-29和NLG-32-33适航证,并且安装了更先进的航电设备。

(2)设计特点

卡-32直升机采用共轴反桨双旋翼布局,取消了尾桨和长尾梁,使得整机外形尺寸减小,结构紧凑,在短尾梁后段装有H形的尾翼,2个垂尾内倾一定角度。装2台TV3-117V系列发动机。采用不可收放四点式起落架。

(3)主要型号

卡-32T:通用型,装2台TV3-117VK涡轮轴发动机。

卡-32S(卡-32C):民用舰载型,主要搭载于破冰船、科考船上用于海上飞行作业。

卡-32K:起重直升机型,机身底部设有一个可伸缩的吊舱,以供副驾驶能清晰观察机身下吊挂物品的同时操纵直升机。

卡-32A:改进型,满足俄罗斯颁发的适航标准,装2台TV3-117VMA涡轮轴发动机。

卡32A1:消防型,装有消防灭火系统和救生装置。

卡-32A2:警用型,安装有警用探照灯和扬声器,油箱经过防爆阻燃处理,并装有防爆机枪。

卡-32A3:俄罗斯自用搜救型。

卡-32A4:出口搜救型,安装以色列机载设备。

卡-32A11BC:改进型,获得美国联邦航空管理局颁发的适航证,也获得欧洲、中国的型号认证,主要用于出口,见图6-33。

(4)性能数据

卡-32T性能数据见表6-21。

图6-33 卡-32A11BC直升机

表6-21 卡-32T性能数据

乘员	机组人员1～3名，乘客16名
尺寸	机长11.3m，机高5.5m，旋翼直径15.8m，旋翼桨盘392.2m²
重量	空重6500kg，有效载荷4000kg，最大起飞重量12000kg
性能	最大速度270km/h，巡航速度205km/h，转场航程980km，实用升限5000m
动力装置	2台克里莫夫公司生产的TV3-117VK涡轮轴发动机，单台功率1660kW

4. S-92A

（1）型号概况

S-92直升机是西科斯基飞行器公司与多国进行国际合作研发的多用途直升机。1992年，西科斯基飞行器公司首次宣布研发S-92的消息，同时展示了新型直升机模型。然而在1993年，由于市场低迷，西科斯基飞行器公司推迟了S-92直升机的项目启动。此后，西科斯基飞行器公司开始寻找风险分担国际合作伙伴，到1995年西科斯基飞行器公司组成了S-92合作团队（包括日本三菱重工业公司、西班牙歌美飒公司、中国直升机设计研究所、中国台湾汉翔航空工业股份有限公司、巴西航空工业公司），在1995年的巴黎航展上正式启动了S-92项目。

S-92的尺寸与S-61相似，其设计目标就是成为S-61的现代化替换型直升机。S-92也与"超级美洲豹"属于同一个类别。西科斯基飞行器公司制造了5架S-92原型机，其中4架用于试飞。第一架是民用型S-92A，于1998年12月23日首飞，并获得了FAR 29部和AR 29部认证，见图6-34。

图6-34 S-92A

2017年，天津的东方通用航空公司引进一架S-92，用于渤海的海上油气开采航空支援。2010年，中国南方航空公司下属的珠海直升机公司引进了第一架S-92直升机，增强了海上能源开发和抢险救灾、紧急救援的能力。2011年年底，珠海直升机公司再次引进1架S-92直升机。

（2）设计特点

S-92原计划采用经过升级的S-70系列的动力和传动系统，再配以重新设计的大型客舱。然而，最终S-92却发展成了一种全新的直升机。S-92采用直径更大的复合材料旋翼，桨尖后掠并下反，新型尾桨和在S-70三级减速箱基础上改进的四级减速箱系统。

S-92机体有大约40%是复合材料结构。S-92的客舱比S-70更宽更长，客舱后部具有装卸货物的货桥式后舱门。驾驶舱安装具有4台彩色液晶显示器的桑德斯电子飞行仪表系统，还为安装第五台显示器预留了空间。发动机是2台装备有全权限数字式发动机控制系统的CT7-8D涡轮轴发动机。

（3）性能数据

S-92A性能数据见表6-22。

表6-22 S-92A性能数据

乘员	机组人员2名，乘客19名
尺寸	机长17.10m，机高6.45m，旋翼直径17.17m，旋翼桨盘231.54m²
重量	空重7030kg，满载起飞重量12020kg，最大起飞重量12020kg，最多可载3个标准LD3集装箱
性能	最大速度306km/h，巡航速度280km/h，经济巡航速度260km/h，转场航程999km，实用升限4270m
动力装置	2台GE公司生产的CT7-8A涡轮轴发动机，单台功率1879kW

六、重型直升机

重型直升机是直升机家族中数量最少的一个类型，目前国际上只有俄罗斯、美国两个国家生产重型直升机。因此，现役的重型直升机只有3种，即西科斯基飞行器公司生产的CH-53"种马"系列，波音公司生产的CH-47"支奴干"系列和米里莫斯科直升机厂股份公司生产的米-26系列。其中"支奴干"和米-26系列含有民用型号，而CH-53"种马"系列是纯军用直升机。在中国运营的重型直升机只有米-26。下面介绍米-26重型直升机。

（1）型号概况

米-26（北约代号"光环"）是苏联米里设计局（现米里莫斯科直升机厂股份公司）研制的多用途重型直升机，是当今世界上最重的直升机。其最大起飞重量是同属重型直升机CH-47"支奴干"的2倍以上，其货舱载货能力接近美国C-130"大力神"运输机，可以称得上是直升机里的"巨无霸"。

米-26的研发开始于20世纪70年代初，于1977年12月14日进行了首飞。1980年开始试生产米-26直升机，不久后开始正式投产生型。虽然开始主要是军用型号，但该机大载荷的特点在民用方面有着巨大的潜力，毕竟它的最大起飞重量是排名第二的CH-53直升机的1.5倍，这种优势是其他直升机难以抗衡的。

米-26已经出口到多个国家，大部分都在军方服役。2008年5月末，航空工业哈飞旗下中国飞龙通用航空公司采购了第一架米-26TS（图6-35），此前这架直升机只是在2007年以租用形式提供给中方，由于它在汶川地震救灾中表现出色，中国飞龙通用航空公司还没有等到租期结束就将它买了下来。2008年11月珠海航展上，俄罗斯罗斯托夫直升机公司和青岛直升机航空有限公

图6-35 中国飞龙通用航空公司采购的米-26TS直升机

司签署合同，于2009年6月向中国交付了第二架米-26TS。2010年10月14日，一架米-26TC从俄罗斯飞往中国，交付给中国灵盾航空器材供应有限公司，主要用于森林消防和抢险救灾，这是销往中国的第三架米-26TS。

（2）设计特点

米-26具有8桨叶旋翼、动力强大的8500kW D-136涡轮轴发动机和庞大的机体。机身为全金属铆接，后舱门备有折叠式装卸跳板。机身下部为不可收放前三点轮式起落架。

（3）主要民用型号

米-26T：货运基本型，安装有自动进近和下降航电设备。

米-26A：改进型，升级飞行导航系统。

米-26MS（米-26MC）：空中医疗救护型。

米-26P（米-26Ⅱ）：客运型，可搭乘63名乘客。

米-26TM：起重型，机头下面安装可以监督吊索操作工作的吊舱。

米-26TS（米-26TC）：米-26T的出口型，符合西方国家适航标准。

米-26TZ（米-26T3）：空中加油直升机。

米-26M：改进升级型，装10700kW D-137涡轮轴发动机，具有更好的高温、高原性能，提高了最大有效载荷，采用复合材料桨叶旋翼，改进了气动外形和电子飞行仪表系统驾驶舱。

（4）性能数据

米-26TS性能数据见表6-23。

表6-23 米-26TS性能数据

乘员	机组人员5名（驾驶员2名、领航员1名、空中机械员2名），乘客90名或60副担架
尺寸	机长40.025m，机高8.145m，旋翼直径32m，旋翼桨盘804.25m^2
重量	空重28200kg，满载起飞重量49600kg，有效载荷20000kg，最大起飞重量56000kg
性能	最大速度295km/h，巡航速度255km/h，转场航程1920km，实用升限4600m
动力装置	2台D-136涡轮轴发动机，单台功率8500kW

拓展提高

1. 课程实践

售价100多万元！国内又多了一款自研直升机（首架下线）

近日，中北高新区山西喆航航空工业有限公司的第一架直升机在山西直升机生产研发基地的试飞区完成首次试飞，太原生产的首架直升机下线。据了解，该架直升机售价100多万元，是国外进口机的一半，接下来，该公司将生产无人机。据多家媒体报道，这架直升机不仅是太原生产的首架直升机，也是国内第一架正向研发的直升机，见图6-36。

首次试飞由山西喆航航空工业有限公司总经理宋茂森执行，他有45年的飞行经验，但这次试飞对这位老飞行员来说却是很新鲜，因为这是他第一次驾驶自己生产的直升机。半个小时的试飞，左右、上下、盘旋，老飞行员与新飞机，人机合一，在蓝天上快速流畅地完成了预设的各种飞行姿态。"第一次飞，这架直升机的总体感觉和评价，还是比较稳定，不管它是纵向、横向还是垂直，操控还是比较好，比较稳定"，宋茂森表示。

据介绍，喆航航空设计生产的直升机，是典型的军民两用产品，有人机主要用于驾驶员培训、航空旅游、

图6-36 山西喆航自研首架直升机

航空摄影、地质勘探、救灾抗灾、运输物资等，无人机主要用于电力巡线、航空摄影、地质勘探等方面。

据悉，山西喆航航空工业有限公司2021年1月签约，3月开工建设，12月第一架直升机下线，实现当年开工当年投产达效。2022年，山西喆航航空工业有限公司计划完成两座直升机的适航取证工作，并实现无人直升机的产值达5000万元以上。

【问题思考】

结合上述案例，请思考何谓航空器的正向研发？

2. 阅读思考

莱昂纳多AW189超中型直升机首次在中国进行展示

2018年10月17～18日，莱昂纳多直升机公司联手中美洲际直升机投资（上海）有限公司在深圳南头直升机场举行了AW189超中型直升机在中国的处女秀，并和其姐妹机型AW139直升机一起为中国客户进行了演示飞行。

AW189直升机是AW家族系列的新一代8.6t超中型直升机，未来将与AC352共同竞争中国市场。所谓超中型直升机，是指最大起飞重量在7.5～9t、介于传统中型直升机和大型直升机之间的一个新级别的直升机，之所以叫它们"新级别"，是因为这一吨位的直升机过去在民用领域尚处空白。西科斯基飞行器公司一名高管的过去一番言论可能具有代表性，他说："事情往往是你选择了中间，就有可能是选择了中庸。"这可能是过去没有此类直升机的原因之一。而由于当今成本压力和安全规范都远超过去，因此超中型直升机就应运而生，其不仅成本低于大型直升机，也可以在严格的安全条例下最大限度利用载荷能力。超中型直升机主要服务于海上油气业务，其应用领域更接近于重型直升机，与传统中型直升机区别较大，如图6-37所示。

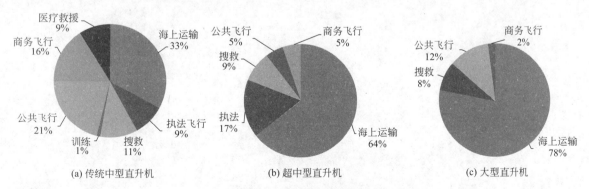

图6-37 直升机应用领域

本次演飞后，AW189将陆续出售并交付给中国用户，希望在中国的公共服务事业中发挥作用，而莱昂纳多的中国团队也会在后续提供优质的客户培训和售后支援服务。

参考文献

[1] 刘得一,张兆宁,杨新湜,编著. 民航概论[M]. 3版. 北京:中国民航出版社,2011.

[2]《世界飞机手册》编写组. 世界飞机手册[M]. 北京:航空工业出版社,2011.

[3] 魏刚,陈应明,张维. 中国飞机全书第四卷[M]. 北京:航空工业出版社,2014.

[4] 胡问鸣. 通用飞机[M]. 北京:航空工业出版社,2008.

[5] 曲景文. 世界通用飞机[M]. 北京:航空工业出版社,2014.

[6]《深度军事》编委会. 民用飞机鉴赏指南[M]. 2版. 北京:清华大学出版社,2018.

[7] 万志强. 认识航空[M]. 2版. 北京:化学工业出版社,2019.

[8] 胥郁,李向. 通用航空概论[M]. 北京:化学工业出版社,2018.

[9] 吕人力. 中国通用航空蓝皮书(2015—2016)[M]. 北京:中国民航出版社,2016.

[10] 吕人力. 中国通用航空蓝皮书(2017)[M]. 北京:中国民航出版社,2017.

[11] 田斐斐,陈晓敏,张楠. 通用航空器引进及投入运行工作分析[J]. 民航管理,2018(03):37-39.

[12] 于一. 通用航空器产品与市场:基于2012~2018面板数据的研究[J]. 民航管理,2019(07):75-77.